弟子规与茗儒茶道

朱锦武　姜丽妍■编著

世界图书出版公司
西安　北京　上海　广州

图书在版编目(CIP)数据

弟子规与茗儒茶道/朱锦武，姜丽妍编著. —西安：世界图书出版西安有限公司，2017.5

ISBN 978-7-5192-2972-6

Ⅰ.①弟… Ⅱ.①朱… ②姜… Ⅲ.①茶道—少儿读物 Ⅳ.①TS971.21-49

中国版本图书馆CIP数据核字（2017）第123033号

书　　名	弟子规与茗儒茶道 Dizigui Yu Mingru Chadao
编　　著	朱锦武　姜丽妍
责任编辑	李江彬
装帧设计	诗风文化
出版发行	世界图书出版西安有限公司
地　　址	西安市北大街85号
邮　　编	710003
电　　话	029－87214941　87233647（市场营销部） 029－87234767（总编室）
网　　址	http://www.wpcxa.com
邮　　箱	xast@wpcxa.com
经　　销	全国各地新华书店
印　　刷	陕西金德佳印务有限公司
开　　本	787mm×1092mm　1/16
印　　张	16.25
字　　数	220千字
版　　次	2017年5月第1版　2017年5月第1次印刷
国际书号	ISBN 978-7-5192-2972-6
定　　价	45.00元

序

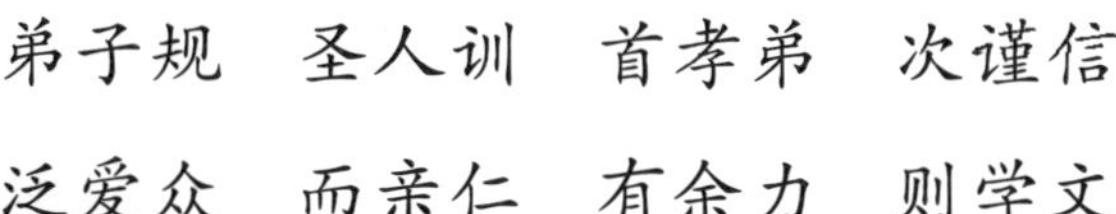

弟子规　圣人训　首孝弟　次谨信

泛爱众　而亲仁　有余力　则学文

《弟子规》这本书，是依据至圣先师——孔子的教诲而编成的生活规范。首先在日常生活中，要做到孝顺父母，友爱兄弟姊妹。其次，在一切日常生活言语行为中要小心谨慎，要讲信用；和大众相处时要平等博爱，并且要亲近仁人君子，向他们学习。这些都是很重要的事，需要花费大量的时间和精力来学习，并一丝不苟的执行，如果在沿袭上述内容后还有多余的精力和时间，就可以学习其他文化知识了。

今解，正如原文解释中所述，《弟子规》是儒学开蒙读物，儒学的精髓在于“仁、义、礼、智、信”儒学认为一名君子应怀有一颗仁爱之心，做到凡事大公无私、待人彬彬有礼，将学到的知识运用自如就会得到别人的信任，从而成为一名受人尊敬

的人。《弟子规》就是这样的一部儿童开蒙读物，它教授给我们成为一名谦谦君子的方法。在总则中弟子规对少儿提出了这样的要求“在家要孝顺父母，有爱兄弟姊妹，在外交友要谨言慎行，言必行，行必果。尽量要怀着一颗仁爱之心待人接物并尽量去亲近那些德行高尚的人物，这些都做好之后在去学习知识开阔自己的眼界。看来古人把德操看的很重。他们认为一个品行不佳的人是无异于他人以及社会的。司马光在《资治通鉴》中指出：“德才兼备是圣人；有德无才是贤人；有才无德是小人；无德无才是愚人。”我们现在生活水平比古代高出很多，经济条件好了，家长们可以给我们提供充足的人力、物力、财力来培养我们学习各种才艺。现如今在中小学，同学们自编自演的节目相当精彩。诸如唱歌、弹琴、舞蹈、朗诵、绘画等表演，使观者目不暇接。不得不承认，这些小演员们个个才华横溢。几乎所有的家长都希望把自己的宝贝培养成学习优秀且多才多艺的学生，因此他们利

用孩子们的课余时间为孩子们报各种才艺班、补习班。现在的孩子都很聪慧，古语讲：“只要功夫深，铁杵磨成针。”利用课余时间的“加码”学习固然可以换来优异的学习成绩和才艺，但在巨大的学习压力下家长们却发现自己的孩子变得越来越冷漠凉薄、我行我素……这是由于家长们在强调成绩和特长的时候忽略了孩子们的心理建设，《大学》中曾云：“富润屋，德润身。”西方的柏拉图在其著作《理想国》中也指出人的良好德行就像金子一样珍贵，他可为陷入迷茫痛苦的人带来喜悦与希望，《弟子规》就是一本中国古代蒙学中培养少年儿童良好德操的书，可以说他就是古代儿童的思想品德教材。那么古人的思想品德教育与我们现代人有何不同呢？下面就让我们一起走进《弟子规》，走进古人的思想品德教育课，希望这本传承百年的经典读物，可以在美德教育上启迪现代的青少年儿童和家长们。

德才兼備

茗茶一杯修身養性

時唯乙未霜降後一日

儒经萬卷静心怡神

三晋磊人書

目录

第一章 入则孝

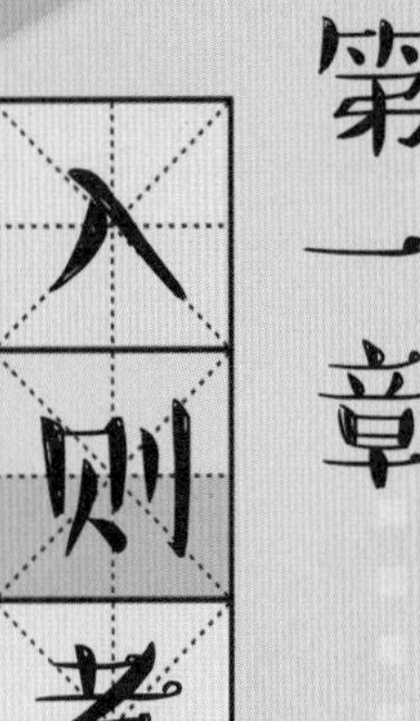

RUZEXIAO

原文

父母呼　应勿缓　父母命　行勿懒
父母教　须敬听　父母责　须顺承
冬则温　夏则凊　晨则省　昏则定
出必告　返必面　居有常　业无变
事虽小　勿擅为　苟擅为　子道亏
物虽小　勿私藏　苟私藏　亲心伤
亲所好　力为具　亲所恶　谨为去
身有伤　贻亲忧　德有伤　贻亲羞
亲爱我　孝何难　亲憎我　孝方贤
亲有过　谏使更　怡吾色　柔吾声
谏不入　悦复谏　号泣随　挞无怨
亲有疾　药先尝　昼夜侍　不离床
丧三年　常悲咽　居处变　酒肉绝
丧尽礼　祭尽诚　事死者　如事生

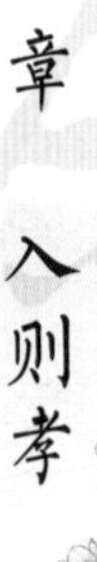

原文解释

父母呼唤应及时回答，不要慢吞吞地等很久才应答，父母有事交代，要立刻动身去做，不可拖延或推辞偷懒。父母教导我们为人处事的道理，是为了我们好，应该恭敬地聆听。做错了事，父母责备教诫时，应当虚心接受，不可强词夺理，使父母亲生气、伤心。侍奉父母要用心体贴，“二十四孝”中的黄香（香九龄，能温席[①]），为了让父亲安心睡眠，夏天睡前会帮父亲把床铺扇凉，冬天寒冷时会为父亲温暖被席，实在值得我们学习。早晨起床后，应该先探望父母，并向父母请安问好。下午回家后，要将今天在外的情形告诉父母，向父母报平安，使家人放心。出门前要告诉父母到哪里去，回家后要向父母禀告自己已经回来了，让父母安心。居住应有固定住所，休息要有规律。选定了职业或立定了

---

① 此句出自《三字经》

志向就要努力去完成，不可见异思迁，以免父母担忧。纵然是小事，也不要擅自做主而不向父母禀告。如果任性而为，容易出错，就有损为人子女的本分。公物虽小，也不可以私自收藏占为己有。如果私藏，品德就有缺失，父母知道了一定很伤心。父母所喜好的东西，应该尽力去准备，父母所厌恶的事物，要小心谨慎地去除（包含自己的坏习惯）。要爱护自己的身体，不要使身体轻易受到伤害，以免父母忧虑。要注重自己的品德修养，不可以做出伤风败德的事，使父母亲感受到羞愧。

当父母喜爱我们的时候，孝顺是很容易的事；当父母不喜欢我们或管教过于严厉时，我们一样要孝顺，而且还要能够自己反省检点，体会父母的心意，努力改过并且做得更好，这种孝顺的行为是最难能可贵。父母有过错的时候，应小心劝导使其改过向善，劝导时态度要诚恳，声音必须柔和，做到和颜悦色。如果父母不听

劝告，可以等他们情绪好些时再找机会进行劝导。就算父母责骂，也要无怨无悔，以免陷父母于不义。父母生病时，子女应当尽心尽力地照顾。父母服药时，子女要帮助父母尝试汤药的温度，要昼夜守护在生病的父母身边，不可以随便离开。父母去世之后，守孝期间（古礼为三年），要常常追思、感怀父母教养的恩德。在此期间，自己的生活起居力求简朴，不可饮酒作乐，办理父母亲的丧事要哀戚合乎礼节，不可草率马虎，也不可以为了面子铺张浪费；祭拜时应诚心诚意，即使已经去世，也要如同生前一样恭敬。

原文今解

中国被称为礼仪之邦，每个人都致力于将自己培养成彬彬有礼的君子。在这一过程中，君子的标志就是德才兼备，其中“德”表现在心存善念，口出善言，行做善举。中国有句古话是“百善孝为先”，“孝”无异于是诸多善为的首要品质，我们可以观察一下“孝”这个字是怎样书写的：它的上半部是老人的“老”；它的下半部是一个儿子的“子”，望字生义，“孝”就是后辈把长辈放在头上敬仰爱戴。那么《弟子规》为什么把“孝”排在了诸多儿童行为准则的首位呢？我们经常说父母是孩子的第一老师，幼儿在没有进入学校学习之前，身边最亲近的人就是父母或家族中的长辈，如果孩子可以从小尊敬父母，养成孝敬父母的行为习惯，那么当他们进入学校，甚至

以后走上社会时，他们就会自然而然地尊师重教，礼师尊长，所以《弟子规》开篇就提出："父母呼，应勿缓，父母命，行勿懒，父母教，须敬听，父母责，须顺承"。这是孝敬父母最基础的行为规范，要认真将以上四种行为规范运用到日常生活中。当父母呼唤我们的时候，应及时回应，让父母安心，当父母呼唤我们做事的时候，应马上行动毫不怠懈，不让父母操心。父母的生活经验比我们要丰富，他们的教诲可以使我们少走弯路，节省更多的精力或体力，当我们由于做错事受到父母责罚时，应摒弃逆反之心，从正面理解父母的话，这就是我们行孝道的开始。有些小同学经常会觉得父母总是很唠叨、很啰唆，一件事情要反反复复说好多遍。其实，这是由于我们以前没有把父母的话放在心上，我们的行为举止让父母觉得不放心了，

如果我们按照上述四条从此时此刻开始严格要求自己，你就会发现父母的唠叨少了，慈爱的微笑多了；父母摇头的动作少了，点头的动作多了；父母的责备少了，鼓励的话语多了……

关于“冬则温，夏则凊”的典故我们在前文的解释中已经讲过，这里不做重复，但是可能有的同学会说汉代生活水平比现代低很多，我们现在的冬天，屋里有暖气，气候如春；夏季有空调，凉爽怡人。我们还需要按照黄香的做法替父母温席扇凉吗？其实，学习《弟子规》要与时俱进，不能刻板教条地按照上面的规定行事。在现实生活中我们可以观察父母的需要，为他们做我们力所能及的事情。比如，父母下班回来之后，我们可以帮他们把拖鞋放好，帮他们把外衣放进衣橱或是帮他们递上一块热毛巾擦擦脸，也可以倒上

一杯热茶让他们品饮之后消除一天的疲惫，我们甚至可以在完成课业之余主动帮父母分担一些力所能及的家务活。这些小小举动都会使父母认为我们已经长大，可以帮他们分忧。

“业无变”是孔子在《儒学十三章经》的第一章《孝经》中强调的，为人子弟最大的孝道就是不使父母为我们忧心。所以，当我们外出时，应告知父母自己的去向，去干什么，何时回来，每次回家后，都要告诉父母自己回来了。如果要在外面留宿，也要提前获得父母的同意，长大后如果有一天我们要离开父母去其他的地方学习或工作，等安顿好后要告诉父母自己的固定住址及联系方式，以免父母为我们担心。“事虽小，勿擅为，苟擅为，子道亏”这里的“事”一般是指坏事或者不太好的事情。孔子曾经教导他的弟子

们不要认为举手之劳的事情很小就不屑于去做，也不要觉得有些损人利己的事不大，不会对他人造成伤害就去做。这就是“勿以善小而不为，勿以恶小而为之”。有些不良的小动作，我们平时若不加以改正，一旦养成习惯，就会造成非常不好的后果。比如，老师在讲台上讲课，有些同学可能会时不时地走神，也许你的一时走神不会影响到其他同学，但是这种走神的情况会随着频率的增加而变成习惯，不注意别人在说什么，不仅会让自己给别人留下注意力不集中的坏印象，还会让别人认为自己听别人讲话不会抓重点，或听力有问题。从而失去别人的信任。父母是世上最爱我们的人，如果我们受到了伤害，或者道德行为上有缺失，伤害的不是旁人而是最亲近我们的父母，他们会因为我们的所作所为而蒙羞。因此

一个孝顺的孩子应时刻警醒自己，规范自己的言行，为自己和亲人获得荣耀。

“物虽小　勿私藏　苟私藏　亲心伤”

古人认为一名君子应心胸宽广，言行坦荡。我们现代人也认为，一位受人尊敬的人应言行举止大方得体，懂得与别人分享一切美好的事物。这样的行为习惯要从小培养，美好的事物都是供人欣赏的，当我们欣赏过后，不应起私自占有之心。应想办法让更多的人一起共同分享。如果我们学会了与他人分享快乐，就会结交更多的朋友。

如果一个人从小能做到为使父母高兴而努力去做某件事的话，那么走向社会后他也能够成为一名以他人之忧为忧，以他人之乐为乐的君子，

就会站在别人的角度考虑问题，能够换位思考。“二十四孝”中有一个故事叫“彩衣娱亲”，讲有一个人叫老莱子。他是春秋时期楚国的隐士，为躲避世乱，自耕于蒙山南麓。他孝顺父母，尽拣美味供奉双亲，七十岁尚不言老，常穿着五色彩衣，手持拨浪鼓，如同小孩子般地戏耍，以博父母开心。一次，为给双亲送水，进屋时跌了一跤，他怕父母伤心，索性躺在地上学小孩子哭，二老大笑。当然，现在的孩子们不用向老莱子那样天天穿着彩衣取悦父母，但我们可以把自己从学校书本上学来的才艺展示给父母看，从而使他们轻松快意。笔者参加过某中学的成人仪式，行成人礼后，同学们自发地为父母敬上一杯茶，当父母们接到孩子双手敬上的茶盏后，笑如弯月的双眸，便蒙上了一层雾气。其实，父母对我们的爱就体

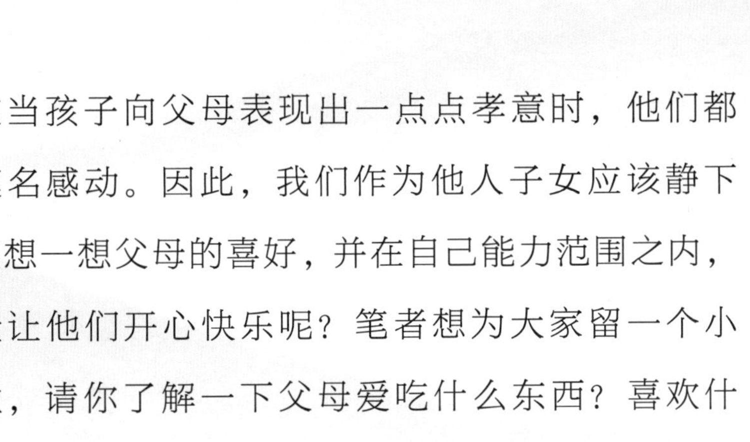

现在当孩子向父母表现出一点点孝意时，他们都会莫名感动。因此，我们作为他人子女应该静下心来想一想父母的喜好，并在自己能力范围之内，尽量让他们开心快乐呢？笔者想为大家留一个小作业，请你了解一下父母爱吃什么东西？喜欢什么颜色？然后为他们准备一份自己亲手制作的小礼物，再观察一下他们收到礼物时的表情。你会从他们欣慰的笑容中看到父母对我们浓浓的爱意。

“身有伤　贻亲忧　德有伤　贻亲羞”

无独有偶，《孝经》的开篇中也指出：“身体发肤，受之父母，不敢毁伤，孝之始也；立身行道，扬名于后世，以显父母，孝之终也。”因此作为一个孝顺的孩子，要时刻注意不能使自己

的身心受损，无论是身体上的小创伤或是德行上的缺失，都会使父母为我们担忧伤心。曾子，名参字子舆，是孔子最得意的学生之一。曾子和父亲都是孔子的学生，曾子的父亲性格豪放不羁，思维敏捷，而曾子却有些愚钝。有一次，曾子的父亲责骂曾子，气急败坏的时候便抄起一根棒子责打曾子，曾子认为如果在父母责打时申辩反抗是不孝之举，于是就一言不发默默承受，任由父亲责打。后来，孔子知道了这件事不但没有褒奖曾子，反而对曾子提出了严厉的批评。孔子认为孩子的一切都是父母给予的。如果曾子的父亲打伤了曾子，首先父亲的心中会十分难过，其次，打伤自己的孩子会使父亲遭受到他人指责，从而陷父亲于不义。曾子的父亲之所以责打曾子并不是出于怨恨，而是一种恨铁不成钢的爱意，为人

父母最大的痛苦莫过于孩子身体上的疾病或道德上的缺失。因此，为人子弟不仅要将自己的身体保护好，还要努力培养自己高尚的德行，从而不辱没父母的清誉。

由此可见不是一味地顺从父母的意思就是孝顺。那么如果父母做错了，我们作为子女应该怎么样做呢？每个人都会有犯错的时候，父母、长辈亦是如此，如果我们发现父母的行为有什么不妥之处，应该温和善意地指出，而不可以横加指责。有一个寓言故事，说在一个小镇子上有一个农户的女儿，她住在一条污秽不堪的小巷子里，她的父母及邻里虽然都是一些勤劳善良的人，可是巨大的生活压力使他们疲惫不堪。这些大人的脸上终日挂着愁苦的表情，他们对生活失去了希望，生活不修边幅，穿着邋遢不已。小姑娘想改

变这样的现状，于是想了一个办法，她每天都把自己收拾得干净利落，并且把家里打扫得一尘不染，她在餐桌上摆上漂亮的餐具，把窗子擦干净，并在窗台上摆上漂亮的野花。她把父亲穿破的衣服整齐地缝补起来，并在破口处绣上美丽的花纹。等她默默做好这一切后，她发现父亲拿起工具把屋前破烂的篱笆修好，母亲把残破的窗帘浆洗干净，并点缀上绣花，使屋子看起来温馨舒适。他们家的举动感染了邻里，这条巷子的每家每户都开始整理家里的小房子，后来人们自发地打理整条小巷，他们修补了残破的街灯，清扫了污秽街道，并在路旁种满了鲜花。生活环境的改善，使人们重新找到了生活的希望。积极的笑容重新挂在人们的脸上。这个小故事告诉我们，以别人能够接受的方式，去感化对方，远比用批评的口吻去指

责对方效果更加明显。如果对父母的劝谏我们都可以用这样温和的方式，那么等我们走上社会对待其他人时也会和颜悦色。这时你会发现，你会比其他人拥有更多的友谊。

"亲爱我　孝何难　亲憎我　孝方贤"

"二十四孝"小故事的第一则就叫"孝感动天"，讲的是古代先王舜以德报怨孝敬父母的故事。"虞舜，瞽叟（gǔ sǒu）之子。性至孝。父顽，母嚚，弟象傲。舜耕于历山，有象为之耕，有鸟为之耘。其孝感如此。帝尧闻之，事以九男，妻以二女，遂以天下让焉。队队春耕象，纷纷耘草禽。嗣尧登宝位，孝感动天心。"舜，传说中的远古帝王，五帝之一，姓姚，名重华，号虞氏，史称虞舜。

相传他的父亲瞽叟、继母和同父异母的弟弟象多次想害死他：让舜修补谷仓仓顶时，从谷仓下纵火，舜手持两个斗笠跳下逃脱；让舜掘井时，瞽叟与象却推土填井，舜掘地道逃脱。事后，舜毫不记恨，仍对父亲恭顺，对弟弟慈爱。他的孝行感动了天帝。舜在历山耕种，大象替他耕地，鸟儿代他锄草。帝尧听说舜非常孝顺，有处理政事的才干，把两个女儿娥皇和女英嫁给他；经过多年的观察和考验，选定舜做他继承人。这就是"孝感动天"的故事，他之所以能被列为"二十四孝"之首，恰恰说明了《弟子规》中"亲爱我，孝何难，亲憎我，孝方贤"的道理，自古以来贤德之士都是严于律己，宽以待人的人，有句民间的俗语叫"百善孝为先"。我们判定一个人的德操时，首先看看他对父母和身边人的态度，就可以了解一二了，在悠悠华夏

五千年历史中，涌现过无数以孝文明的贤士。下面，《弟子规》就举了另一个孝顺父母的例子。

前汉文帝，名恒，高祖第三子，初封代王。生母薄太后，帝奉养无怠。母常病，三年，帝目不交睫，衣不解带，汤药非口亲尝弗进。仁孝闻天下。

这个典故出自“二十四孝”当中的“亲尝汤药”，汉文帝刘恒，汉高祖第三子，为薄太后所生。高后八年（公元前 180 年）即帝位。他以仁孝之名，闻于天下，侍奉母亲从不懈怠。母亲卧病三年，他常常目不交睫，衣不解带；母亲所服的汤药，他都要亲口尝过后才放心让母亲服用。他在位二十四年，重德治，兴礼仪，注重农业发展，

使西汉社会稳定，人丁兴旺，经济得到恢复和发展，他与汉景帝的统治时期被誉为“文景之治”。从这个小故事中我们可以看出孝顺父母是每个人都应具备的基本素质，一个从小懂得孝敬父母的人，长大后一定也会对其他长辈恭顺有礼，从而得到他人的喜爱。

“丧三年　常悲咽　居处变　酒肉绝　丧尽礼　祭尽诚　事死者　如事生”

“入则孝”篇中的最后一段是告诉我们为人子弟如果父母离世应怎样做。虽然现代社会与古代不同，我们不用在父母亡故后守在家里披麻戴孝、等待三年，但父母恩情如山，虽然父母离我们而去但是我们心中要时刻纪念他们。“二十四孝”

中有一个小故事叫“刻木事亲”：丁兰，相传为东汉时期河内（今河南黄河北）人，幼年父母双亡，他经常思念父母的养育之恩，于是用木头刻成双亲的雕像，视之如生，凡事均和木像商议，每日三餐敬过双亲后方才自己食用，出门前一定禀告，回家后一定面见，从不懈怠。久之，其妻对木像便不太恭敬了，竟好奇地用针刺木像的手指，而木像的手指居然有血流出。丁兰回家见木像眼中垂泪，问知实情，遂将妻子休弃。虽然这个故事有点夸张，但是它却告诉我们“事死者，如事生”的道理。

为了让孩子们更好地体会并实践“入则孝”的内容，我们为大家准备了一套乌龙茶茶道叫作“孝道茶”，希望同学们在研习这道茶道时可以体悟到中华孝道的真谛。

孝道茶

备具

盛茶器：茶仓、赏茶荷；

取茶器：冲茶四宝（茶针、茶拨、茶则、茶夹）；

泡茶器：紫砂壶；

分茶器：公道杯、茶漏；

品茶器：闻香杯、品茗杯。

解说词及流程

开场白：《孝经》是儒家十三章经的第一经，古代儿童开蒙就是要学习孝经的内容。民间也有“百善孝为先”的说法，孝道是中国人的传统美德，它的含义很广泛。它是儒家修身、齐家、治国、平天下的根本，今天我们为了向古人学习孝道礼仪，为大家带来这套“孝道茶”，是通过茶事形式将中华传统美德继承并发扬，希望在座的各位能与我们一同在品茶的同时，体会中华传统文化的魅力。

第一步：开蒙学经典，五教孝为先（介绍茶具）

传统儒家文化讲“人要有五个方面的道德修养”即五教，他们分别是“父要义，母要慈，兄要友，弟要恭，子要孝”。其中“子要孝”是这五教之首，泡茶也有五个重要的器皿，他们分别是：①盛茶器，

即茶叶罐，用来盛放干茶，赏茶盘用来欣赏干茶色泽。②取茶器，也称冲茶四宝，其中包括：茶则用来获取干茶，茶夹用来夹取品茗杯和闻香杯，茶拨用来拨茶入壶，茶针用来疏通壶嘴。③品茶器，也叫闻香杯，用来闻取茶香。品茗杯，用来品饮茶汤。④分茶器，又称公道杯，是用来均匀茶汤；茶漏是用来分离茶叶与茶汤，使茶汤变得更为清澈。⑤泡茶器，即产自宜兴的紫砂壶。在这五组器皿中，产自宜兴的紫砂壶是冲好一壶铁观音的关键。好的紫砂壶可以使茶添香增味，所以它是五组器皿中的最重要的部分。

第二步：身体发肤义，谨记护周全（取茶赏茶）

《孝经》中云："身体发肤，受之父母，不可轻毁。"作为茶人我们不仅要对自己身体的一发一肤多加保护，更要对那些能为我们带来健康，可振奋人心的茶百般呵护。这一步是取茶的过程：轻轻地将茶则探入茶仓中，转动茶仓使茶叶自动流到茶荷中，只有尽量保持干茶外形整齐，才能

使茶味充分地溶解于水中。今天我们为大家选取的是产自安溪的铁观音，它的外形如颗颗珍珠，色泽光亮，是乌龙茶中的佳品。

第三步：立身行道后，光耀圣先贤（温杯烫盏）

儒家学说认为真正的孝是除了保护好自己，还要做到立身行道，扬名于后世，从而光耀先祖，使父母共享荣耀。那么，

作为茶人，我们也应该通过自己的泡茶手法使茶之性味达到最佳，从而使更多的人爱上茶，并以喝茶为乐，以喝茶为荣。那么，怎样才能泡出一杯好茶呢？首先是要温杯烫盏，只有提高品茶器和泡茶器的温度，才能使茶香慢慢地渗透出来。这是泡出一杯好茶的第一步，也是最关键的步骤之一。

第四步：爱亲不慢怠，孝名冠四海（投茶）

中国人崇尚孝道，孝道的另一个体现是在于呵护双亲，并且将爱心汇聚给身边

所有的人。我们将干茶慢慢地拨入壶中，是泡出美味茶汤的第一步，茶艺师向壶中播撒的不仅仅是干茶，更是孝德的种子，由他泡出的茶汤，不仅可以滋润品茶人与泡茶人的心田，更可让中华美德传播到世界各个角落。

第五步：居安常思危，焦躁避心间（洗茶）

古人云：君子不立于危墙之下。《诗经》亦云：居安思危，战战兢兢，如临深渊，如履薄冰。

就是指有作为的人要居安思危，一日三省，我们通过洗茶这一步，帮干茶吸收水分，去除杂味、异味，正如一名有作为、懂孝道的人要时常警醒，自我检讨，以求道德上的精进。

第六步：衣饰言语行，常温圣人戒（再次冲泡）

《孝经》中讲，在不同的场合要穿不同的衣饰，从而达到人与环境和谐，泡茶时我们再次将

山泉水注入壶中进行第二次冲茶，并将茶斟入公道杯中，这杯中的甘露如醍醐一般，使我们想起了圣人的古训，并不断用这些先贤的教诲来勉励自己。

第七步：孝敬爱同均，三才尽和谐（出茶分茶）

《孝经》中讲，孝道贵在爱人，孔子也曾云："老吾老以及人之老，幼吾幼以及人之幼。"也就是说，爱别人的老人也

就是爱自己的老人，爱别人的孩子就像爱自己的孩子。我们现在将茶汤逐一斟入闻香杯中，也是要表示茗露之前人人平等。

第八步：人人习孝经，美德代相传（奉茶）

最后一步是奉茶，我们献给各位的不仅仅是一杯香茗，还有我们学习先贤孝敬之心，希望喝过这杯茶后，中华孝道可以在每个人心中落地生根，中华美德的传承，有你有我，由我们共同努力，定能将之发扬光大。

第二章 出则悌

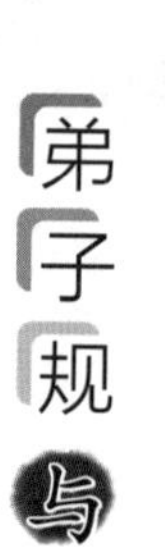

原文

兄道友　弟道恭　兄弟睦　孝在中
财物轻　怨何生　言语忍　忿自泯
或饮食　或坐走　长者先　幼者后
长呼人　即代叫　人不在　己即到
称尊长　勿呼名　对尊长　勿见能
路遇长　疾趋揖　长无言　退恭立
骑下马　乘下车　过犹待　百步馀
长者立　幼勿坐　长者坐　命乃坐
尊长前　声要低　低不闻　却非宜
进必趋　退必迟　问起对　视勿移
事诸父　如事父　事诸兄　如事兄

原文解释

良好的生活教育，要从小培养；不论用餐、就座或行走，都应该谦虚礼让，长幼有序，让年长者优先，年幼者在后。长辈有事呼唤人，应代为传唤，如果那个人不在，自己应该主动去询问是什么事，可以帮忙就帮忙，不能帮忙时则代为转告。称呼长辈，不可以直呼姓名，在长辈面前，要谦虚有礼，不可以炫耀自己的才能；路上遇见长辈，应向前问好，长辈无事时，即恭敬退后站立一旁，等待长辈离去。古礼云：不论骑马或乘车，路上遇见长辈均应下马或下车问候，并等到长者离去约百步之后才可以离开。与长辈同处，长辈站立时，晚辈应该陪着站立，不可以自行就座，长辈坐定以后，吩咐晚辈坐下时才可以坐。与尊长交谈，声音要柔和适中，回答的音量太小让人听不清楚，也是不恰当的。若有事要到尊长面前，应快步向前，退回去时，必须稍慢一些

才合乎礼节。当长辈问话时，应当专注聆听，眼睛不可以东张西望，左顾右盼。对待所有的长辈，要如同对待自己的父亲一般孝顺恭敬；对待所有的兄长，要如同对待自己的兄长一样友爱尊敬。

原文今解

古人认为作为一名君子一生有三大志愿：立德、立功、立言。在这三立中，“立德”处于首位，它是做人之本，当一个人培养出良好的德操后，才能为国家服务，从而为国为民“立功”。到年老时，由于体力和精力的衰退，也许不能更好地服务他人，那么这个时候坐下来把自己一生的经验教训写成文字，以警醒后世，是谓“立言”。在中国人眼中有八种德行最重要。他们分别是：

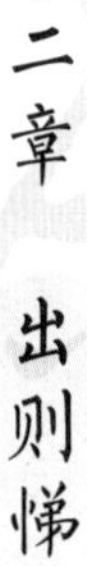

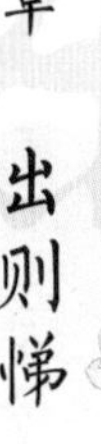
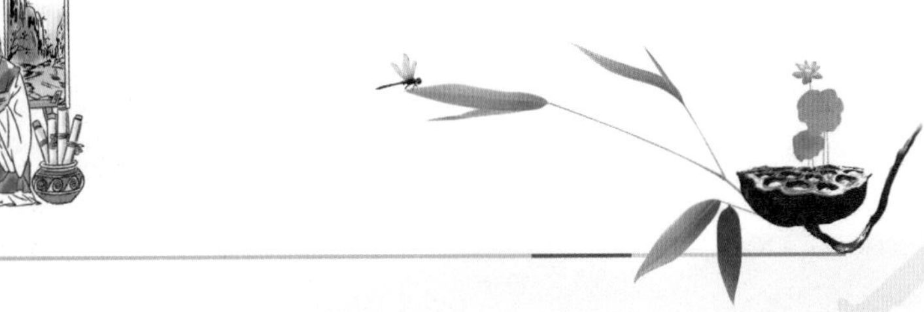

“孝、悌、忠、信、礼、义、廉、耻”，即孝敬父母，友悌兄弟，忠诚朋友，信义他人，礼让谦和，大公无私，廉洁奉公，清心寡欲。从这八条中我们不难看出友悌兄弟是仅次于孝敬父母的重要美德。至于怎么样做，可以被称为“悌”呢？《弟子规》在“出则悌”篇为我们做出了详细的指导。古人讲“没有规矩不成方圆”，大家可以结合我们现代的生活。学生们在学校有校内学生守则，大人们在工作单位有单位行为规范，在古代“出则悌”篇就是古人的交友行为规范。它是一个人的基本素质养成守则。正文中“财物轻，怨何生”的典故出自西汉贤士卜式的故事。相传忒家有两兄弟，哥哥卜式对自己的弟弟很好，照顾得很周到。父母去世后，兄弟两人分家，卜式把家中的财产都让给了弟弟，自己只要了一百多只羊。十几年过

去了，卜式的羊群繁殖到了上千只，他买了房屋，置办了土地。这时弟弟却因经营不善而破产了，于是卜式毫不犹豫地把自己的财产分了一半给弟弟。卜式的行为感动了弟弟和所有的人，大家都说他是个重亲情、不爱财的君子。其实《弟子规》的编撰也是古人对生活经验的总结。卜式的故事，告诉我们做人要严于律己，宽以待人。虽然与兄弟姐妹相处时免不了要磕磕碰碰，有口舌冲突，在这个时候我们要学会隐忍。在市井间流行这样的说法，“相打无好手，相骂无好口”，两个人的情绪都很激动时，伤人心的话就可能脱口而出，这样会加深彼此的矛盾，导致日后无法融洽相处。与其逞一时口舌之快，终生悔恨，不如选择忍一时风平浪静，退一步海阔天空。这就是《弟子规》中所讲的“言语忍，忿自泯”。

“或饮食　或坐走　长者先　幼者后”

关于这一点，信陵君就做得很好。他是战国时期四大公子（齐国的孟尝君、赵国的平原君、魏国的信陵君、楚国春申君）之一。有一次，他听说一位看城门的老人叫侯嬴，很有贤德，就十分郑重地前去请教。他亲自驾着车，把车上尊贵的位子空出来留给侯嬴。侯嬴早就知道信陵君的名声，但为了考验他，当信陵君去接他的时候，侯嬴故意装出傲慢的样子，但越是这样，信陵君对他越恭敬。侯嬴见状，知道信陵君的敬老是真心的，于是痛快地做了他的门客。后来成为他重要的谋臣之一。从这个故事我们看出，尊重长辈不仅是因为他们的年纪比我们大，还因为他们人

生阅历比我们丰富。从他们身上我们能学到很多宝贵的经验。他们的智慧可以点亮我们的人生。

“称尊长　勿呼名　对尊长　勿见能”

当我们称呼师长的时候为表示尊敬，都要使用敬语“您”。把你放在心上就是一个“您”字。有意思的是，“您”这个字只有在汉语里才有，他体现了华夏民族作为礼仪之邦，对长者的尊敬，在现代小学生行为准则里，也有遇见师长行礼问好的规定；在西方社交礼仪中规定，当知道长者的姓氏和职务时，可以连姓氏和职务一起称呼，比如李校长、王老师等，而当不知道对方姓氏或职务时就可称呼对方为先生或女士。看来无论古今中外，人们对礼貌、礼节的要求都是一样的。

古人除了有姓名外，在成人后还会由自己的老师赐一个表字，比如说曹操姓“曹”名“操”字“孟德”，除了长辈可称呼其名，平辈或晚辈都要称其表字“孟德”。当然，作为现代人我们已经很少有人有表字，所以当我们称呼他人时为表示尊敬，我们可以用“您”字直接代替。当我们与长者交往攀谈时，要表现得谦虚恭顺，不要以己之长比他人之短，让长者难堪，这就是《弟子规》中的“对尊长、勿见能”。这样的要求体现了华夏民族深远悠长的人文情怀。杜环是明朝的一名官员，一次偶然的机会，他认识了一位可怜的老母亲，她的儿子不知下落，她去找自己的亲戚，结果谁也不愿照顾她。万般无奈，这位老母亲只好继续到处寻找自己的儿子。杜环得知后，决定先赡养这位老妇人，并代她寻找儿子的下落。后来，

这位老母亲的儿子虽然找到了，但他并没有接走他的母亲。而杜环则一直赡养着这位老妇人，对她很孝敬，就像对待自己的亲生母亲一样。杜环没有因为自己的财大势强而欺压老妇人，也没有因为妇人的儿子没有赡养老人而也随之放弃对老人的照顾，他只是默默地履行着孔圣人对君子的要求："老吾老以及人之老，幼吾幼以及人之幼。"因而成为孝悌的典范，流芳千古。

"路遇长　疾趋揖　长无言　退恭立"

孔子在孝经中要求读书的世家子弟对待别人的父母要像对待自己的父母，对待别人的孩子就像对待自己的孩子。即"老吾老以及人之老，幼吾幼以及人之幼。"

路遇长辈要行礼、打招呼并请长辈先行，也是现代小学生的行为规范。从古至今，无数伟人志士都严格以身作则，贯彻此行。张良是西汉开国皇帝刘邦的主要谋士，他被后世奉为尊老敬长的典范。有一天，他在一座桥上散步，一位白发老人坐在桥头上，见张良走过来，故意把脚上的草鞋甩到桥下，然后对张良说：“小伙子，给我把鞋拣上来。”张良见老汉年纪大，就照办了。但老汉并没有用手接鞋，而是把脚伸过来，张良默默地给老人家穿上鞋子，老人笑了。原来，这是老人对张良品行的测验，这个老人就是著名的学者黄石公，后来他把神奇的兵书传授给了张良。像这样尊重长辈的故事，在我国中华五千年的文化历史中比比皆是。

张释之是汉朝著名的大臣，他非常尊重长辈。

有一次，朝廷举行朝会，许多达官贵人都前来参加，场面十分热闹。这时，有位叫王生的老人对张释之说："我袜子的带子松开了，给我绑好！"张释之二话没说，很坦然地跪下来，在众目睽睽之下恭恭敬敬地给这位老人绑好带子。张释之身为高官，能具有礼贤下士、敬老尊贤的美德，群臣无不称赞，从此他的威信就更高了。

《弟子规》一书不是简单的说教，它用言简意赅的语言为蒙学儿童指引出了一条君子之路，按照《弟子规》上的要求去行事，人人都可以成为德高望重的贤才。

"长者立　幼勿坐　长者坐　命乃坐"

这段行为准则也体现了中华美德。玄奘法师

俗家姓陈，在他八岁听父亲给他讲《孝经》时讲道："曾子听老师讲书，总是恭恭敬敬地站着，老师叫他坐着听，他说站着听以表示老师的尊敬。"当父亲抬起头来看玄奘，他已离开座位站着了。父亲叫他坐下听讲，他说："曾子听老师讲书还站着，我听父亲讲书怎么敢坐着听呢？"父亲称赞他可以学以致用，说他将来一定会有出息的。果然，玄奘二十八岁时从京城出发，到天竺取经，成为唐代著名的佛教学者。现在流行讲一句话"细节决定成败，习惯影响命运。"对于我们现在学习的这部《弟子规》，有些孩子可能认为其部分内容对于琐碎，但是千里之行积于跬步，如果能将日常生活中最简单、最细小的事情做好，并把它们培养成行为习惯。那么，长大后我们就会成为一名富有人格魅力的君子。

在师长面前保持谦逊的态度，不仅是一种礼貌，也是一种素质。这种素质会在我们前进的道路上为我们披荆斩棘、指明方向。

“尊长前　声要低　低不闻　却非宜”

这段文字是教育青少年说话办事应进退有度，落落大方。既不可在长辈面前说话粗声大气，也不可支支吾吾、含混不清，冷淡凉薄。论语中记载过一个“曾子避席”的故事，曾子是孔子的弟子，有一次他在孔子身边侍坐，孔子问他：“以前的圣贤之王有至高无上的德行，精要奥妙的理论，用来教导天下之人，人们就能和睦相处，君王和臣下之间也没有不满。你知道这种理论指的是什么吗？”曾子听了，明白老师要指点他高深的道理，

于是立刻从坐着的席子上站起来，走到席子外面，恭恭敬敬地行礼，回答道："我不够聪明，哪里能知道，还请老师把这些道理教给我。"在这里，"避席"是一种非常礼貌的行为，当曾子听到老师要向他传道时，他站起身来，走到席子外向老师求教。这样做，既表达了自己的求学态度，又显得落落大方，不卑不亢，是我们学习的榜样。

"进必趋　退必迟　问起对　视勿移"

这段话是指导我们如何与长辈相处，关于这一点，古往今来很多名人志士为我们做出了榜样，比如说汉朝的丞相张苍，他就是一个非常尊敬长辈的人。在他年轻的时候，曾经得到过一位叫王陵的老者的许多照顾。后来张苍当了官，为了感

谢王陵，常常像对待父亲一样照顾他。王陵去世后，他的老母还健在，虽然当时张苍已是丞相，公务很忙，但他总是抽空去照顾王陵的母亲，甚至亲自伺候王母吃饭。张苍贵为丞相，能这样谨慎地照顾长辈，足见中华民族尊老美德源远流长。对于现代的少年儿童来讲我们对待尊长也应毕恭毕敬，对于长辈的问话要有问必答，知无不言、言无不尽。对待老人我们要拿出足够的耐心、细心和爱心。如果说一个家庭是一棵树，家中的老人就是根。子孙们就是树叶，为了让这棵树茁壮成长，我们是不是应该经常向树根施肥浇水呢？对待自己家的长辈细心体贴有耐心，由此及彼，对待别人的长辈亦是如此。华夏美德的传承有你有我，我辈有责任将尊老爱幼、孝悌忠信等德操发扬光大。

"事诸父　如事父　事诸兄　如事兄"

在我国沿海地区流传着妈祖的传说，妈祖的原型是一位叫林默的姑娘。相传她的父亲和哥哥在一次出海中遭遇海难，经过林默和大家的努力，父亲得救了，但哥哥却再也没有回来。林默痛定思痛，为了以后不使别人的哥哥也遭受海难，于是经常冒着危险去救助那些过往的船只。由于操劳过度，年仅 28 岁的林默就过早地去世了。后来，人们为了纪念林默，便在沿海地方专门修建了祠堂，并称她为"妈祖娘娘"。其实，从小学悌道，可培养我们心中有爱，善待他人的行为习惯，如果能够时常将"悌"道谨记于心，并付诸行动。那么，我们就会像太阳一样时刻温暖接近我们的人。

友悌茶

备具

茶仓一个，茶道组一套，赏茶盘一个，品茗杯五只，公道杯一只，祥陶盖碗一只，壶承一只，祥陶茶漏一套，提梁风炉组一组，茶席一块。

解说词及流程

第一步：亲如手足（介绍茶具）

元代人孟汉卿在《魔合罗》第四折中曾有这样的词句：“想兄弟情亲如手足，怎下的生心将兄命亏？”这是讲兄弟之间要有亲情，就像人必须有手和脚。我们要泡出一杯好茶，除了要有茶

叶这个元素之外，茶器和泡茶的水也是不可或缺的。茶器坚硬，刚直如大地，用来盛放茶叶，象征了兄长对幼弟的深沉呵护；泡茶用的山泉水，至清至洁且甘美柔顺，象征了长姊对幼妹的温柔体贴。我们借助这一道程序，来介绍茶具：茶仓用来盛放干茶，茶道组中的茶则用来提取干茶，茶夹用来夹放品茗杯，茶拨用来拨茶，茶盘用来欣赏干茶的色泽与条形。品茗杯用来啜饮茶汤，公道杯用来观赏汤色，茶漏用来过滤茶渣，使茶汤更为纯净，祥陶盖碗用来泡茶，提梁风炉组用来烹水。一杯好茶的烹制是气、水、茶的结合，缺一不可，就像兄弟之情如人之手足般不可缺少。

第二步：煮粥焚须（烧水）

《新唐书·李勣（jì）传》曰：“性友爱，其姊病，尝自为粥而燎其须。”这个故事讲的是，唐太宗时期有位大臣叫李勣（“勣”音同“绩”）。他原名徐世勣，因辅佐李渊有功而被赐李姓，后为避讳唐太宗李世民的名字，遂改名李勣。他因战功显赫，被封为英国公，是初唐二十四功臣之一。地位如此显赫的李勣，对姐姐却是非常的恭顺。

姐姐想喝粥，他怕仆人煮的粥不合姐姐的口味，居然自己亲自下厨，生火煮粥，以至于烧着了自己的胡子。这道程序是煮水，我们怀着煮粥焚须的心情，为品茶者们煮上一壶清泉以示恭敬。

第三步：友于兄弟（温杯）

《论语·为政》曰："孝乎惟考，友于兄弟，施于有政。"有一次，有人问孔子为什么不从政，孔子说："孝敬父母，为孝；友爱兄弟，为悌。将孝和悌运用得好，并影响他人，也是一种从政的方式。从政的形式不应拘泥于做官。"从这句话中我们看出，亲爱兄弟就是友悌。这一点在茶道中的表现是，用开水温杯盏烫。这是为了帮助茶品快速提高茶香，体现了水和气之于茶的关爱。

第四步：戚戚具尔（取茶）

《诗经·大雅·行苇》曰：“戚戚兄弟，莫远具尔。”我们都知道《诗经》是中国第一部诗歌总集，分成“风、雅、颂”三篇。其中《大雅》收集了歌颂周王室先贤丰功伟绩的诗歌。在《诗经·大雅》中有“戚戚兄弟，莫远具尔”的记载。它歌颂了兄弟之间应亲密无间，不离不弃。这道程序是取茶，先将茶则探入茶仓中，双手同时下翻，让茶叶自动流到茶则中，表示了茶人对茶叶的体恤及亲爱之情。

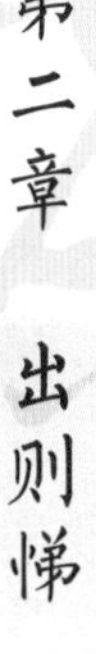

第五步：兄友弟恭（赏茶）

在西汉司马迁所著的《史记》中，他将歌颂君王德操的文章命名为《本纪》。《史记》的开篇就是《五帝本纪》，司马迁在这篇文章中，极大地肯定了舜的为人。他说："使布立教于四方，父义母慈，兄友弟恭，子孝，内平外成。"舜以

一介布衣而能君临天下，就是因为他能够对内使家庭团结，对外能和谐社会。兄友弟恭是和睦家

庭的主要表现。我们这道程序是赏茶。在让泡茶人和品茶人共同欣赏干茶的同时，也可以平和心态，做到恭谦礼让。

第六步：伯歌季舞（拨茶）

汉·焦延寿《易林》卷三："秋风牵手，相提笑语。伯歌季舞，燕乐以喜。"根据中国传统

排序方式，伯、仲、叔、季分别代表了第一、第二、第三、第四。因此我们有“不分伯仲”之说。汉代的焦延寿曾撰写过《易林》一书。其中卷三关于兄弟齐心有这样的描写：“兄唱弟随，其乐融融。”我们将这个成语用在拨茶入杯的环节里，茶器如长兄，茶叶似幼弟。幼弟投入长兄的怀抱，亲密无间，气氛融洽。

第七步：契若金兰（洗茶）

《易·系辞上》云："二人同心，其利断金；同心之言，其臭（xiù）如兰。"我们经常讲异性兄弟姊妹心心相印，惺惺相惜，叫金兰之义。那么什么叫金兰呢？在《周易》中讲道："二人同心，其利断金，同心之言，其臭如兰。"这一步是洗茶。干茶经过山泉水的洗礼，透出芬芳的味道，正如金兰之芬，源远流长。

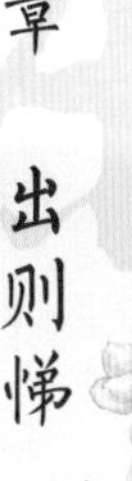

第八步：埙篪（xūn chí）相和（泡茶）

《诗经·小雅·何人斯》中讲道："伯氏吹埙，仲氏吹篪（chí）。" 篪是古代的一种乐器，即竹埙，一般来说它是和埙一起演奏的。在《诗经·小雅》中有这样的记载有"伯氏吹埙，仲氏吹篪"。古人用埙篪相合形容兄弟友爱，同心同德，

同舟共济。这一步是泡茶，水与茶在盖碗中相交融，水为茶之母，茶为水之精。水开启了茶的灵性，茶为水增添了芬芳，这正是埙篪相合的表现。

第九步：同气连枝（出茶）

南朝梁·周兴嗣《千字文》中说："孔怀兄弟，同气连枝。"这两句话谈的是五伦中的兄弟之道。兄弟之间要相互关爱，彼此气息相通。因为兄弟之间有直接的血缘关系，如同树木一样，同根连枝。通过上一步的泡茶，水与茶已融为一体。这一步是出茶，将茶水滤出，此时的茶与水已如兄弟般同气连枝。

第十步：推梨让枣（分茶，敬茶）

《后汉书·孔融传》中记录这样一个故事：汉末孔融兄弟七人，融居第六，四岁时，与诸兄共食梨，融取小者， 大人问其故，答道：我小儿，法当取小者；南朝梁王泰幼时，祖母集诸孙侄，散枣栗于床，群儿皆竞取，泰独不取。问之，泰答道："不取，自

当得赐。”后人用推梨让枣体现兄弟之间的谦恭礼让。我们借助分茶，敬茶的程序，表达茶人的平等礼让之心。

第三章 谨

原文

朝起早　夜眠迟　老易至　惜此时
晨必盥　兼漱口　便溺回　辄净手
冠必正　纽必结　袜与履　俱紧切
置冠服　有定位　勿乱顿　致污秽
衣贵洁　不贵华　上循分　下称家
对饮食　勿拣择　食适可　勿过则
年方少　勿饮酒　饮酒醉　最为丑
步从容　立端正　揖深圆　拜恭敬
勿践阈　勿跛倚　勿箕踞　勿摇髀
缓揭帘　勿有声　宽转弯　勿触棱
执虚器　如执盈　入虚室　如有人
事勿忙　忙多错　勿畏难　勿轻略
斗闹场　绝勿近　邪僻事　绝勿问
将入门　问孰存　将上堂　声必扬
人问谁　对以名　吾与我　不分明

用人物　须明求　倘不问　即为偷

借人物　及时还　后有急　借不难

原文解释

清晨要尽早起床，晚上要略迟些再睡；人生的岁月有限，所以每个人都要珍惜宝贵的时光。早晨起床后，一定要洗脸、刷牙、漱口使神清气爽，有一个好的开始。如厕之后一定要洗手，养成良好的卫生习惯。要注重服装仪容的整齐清洁，戴帽子要戴端正，衣服扣子要扣好，袜子穿平整，鞋带应系紧，一切穿着以稳重端庄为宜。脱下的衣、帽、鞋、袜，都要放置在固定的地方，避免造成脏乱，或在穿的时候找不到。穿衣服需注重整洁，不必讲究昂贵、名牌、华丽。穿着应考虑自己的身份及场合，更要衡量家中的经济状况。日常饮食要注意营养均衡，多吃蔬菜水果，少吃肉，不要挑食，

不可以偏食，三餐常吃八分饱，避免过量，以免增加身体的负担，危害健康。饮酒有害健康，青少年尚未成年所以不可以饮酒，成年人饮酒也不要过量。一旦喝醉酒，就会疯言诳语，丑态百出。走路时步伐应当从容稳重，不慌不忙，不急不缓；站立时要站相端正，须抬头挺胸，精神饱满，不可以弯腰驼背，垂头丧气。行礼时要把身子深深地躬下，跪拜时要恭敬严谨。进门时脚不要踩在门槛上，站立时身体也不要站得歪歪斜斜。就座时不要双脚展开像簸箕一样，更不可以抖动腿。这些都是很轻浮、傲慢的举动，有失君子风范。进入房间时，无论是揭帘子或开门的动作都要轻一点、慢一些，要避免发出声响。在室内行走或转弯时，应小心不要撞到物品的棱角，以免受伤。拿东西时要注意，即使是拿着空的器具，也要像里面装满东西一样，小心谨慎以防跌倒或打破。进入无人的房间，也要像

有人在一样，不可以随便。做事不要急急忙忙、慌慌张张，匆忙就容易出错，遇到该办的事情不要因害怕困难而犹豫退缩，也不要轻率随便地敷衍了事。凡是容易发生争吵打斗的不良场所，如赌博、色情等是非之地，要勇于拒绝，不要接近，以免受到不良的影响。一些邪恶下流，荒诞不经的事也要杜绝，不听、不看，不要好奇追问，以免污染了善良的心性。将要入门之前，应先问是否有人在，不要冒冒失失就跑进去。进入客厅之前，应先提高声音，让屋内的人知道有人来了。如果屋里的人问是谁，应该回答名字，而不是喊："我！我！"让人无法分辨"我"是谁。借用别人的物品，一定要事先讲明，请求允许使用。如果没有事先征求同意，擅自取用就是偷窃的行为。借来的物品，要爱惜使用，并按时归还，这样以后若有急用，再借就不难了。

原文今解

司马光是宋朝著名的政治家和文学家，后来人们又称他司马温公。温公小时候聪明过人，被誉为神童，但他并不骄傲，学习十分勤奋。为了每天能早起读书，他让人用圆木做了一个枕头。用这个枕头睡觉，很不舒服，头只要一转动就会滑下来，这样司马光就会惊醒，起来读书。后来，这个枕头被称为“警枕”。司马光如此勤奋好学，他长大后铸就了《资治通鉴》这部与《史记》齐名的史书。司马光的故事，是“朝起早，夜眠迟，老易至，惜此时”的真实案例。从古至今凡欲成大事者必要有坚定的信心、耐心和恒心，这三心的建立是从我们日常如早睡早起，今日事今日毕，这样的点滴琐事中培养出来的。

"晨必盥　兼漱口　便溺回　辄净手"

看到这段原文，很多人会哑然失笑，早晚刷牙洗脸，饭前便后要洗手，这不是一个人的基本卫生教养吗？难道还有什么人会没有这样的习惯吗？大家不要笑，《弟子规》之所以花费笔墨在这些看似小小不言的事情上是为了告诉大家，爱干净讲卫生不仅体现了个人的素质，同时也是对别人的尊重。在这里给大家讲一个关于王安石的笑话。王安石是宋朝最有名的宰相之一，不过他有一个很大的缺点，就是不讲究个人卫生，他不爱洗澡，不爱换洗衣服，总给人脏兮兮的感觉。有一次，皇帝召见王安石和几位大臣一起商议大事。谈话间，一只虱子从王安石的衣领里爬出来，爬到了他的脸上。皇帝看到后，偷偷地笑了，可

王安石一点也不知道。后来，这件事成了人们的笑谈。虽然王安石作为一位大政治家，千古流芳，但是他在个人卫生上不修边幅，也成为市井间茶余饭后的笑谈，所以说，每个人都是史学家，每个人的生活点滴也都会成为被后人评论的历史，从小养成良好的卫生习惯，可以使我们的内心更纯净，做事更有条理。从而养成做事干净利落，不拖泥带水的好习惯。

“冠必正　纽必结　袜与履　俱紧切”

古人对穿衣戴帽十分讲究，帽子一定要端端正正地戴在头上，衣服上所有带子和纽扣都要系上，不可以敞胸露怀。因为，古人认为帽子代表了一个人的头，古代男子二十岁时要行冠礼，即

成人礼，也就是说男子在行冠礼后才有资格戴帽子，戴帽子是成人的标志，也是男子有能力担负社会责任的象征。冠不正则心不正，衣服是人的第二张脸面，衣不洁则心不洁，古人对穿衣戴帽的讲究已经严苛到匪夷所思的地步。唐朝时礼服的穿着已多达十二层，每层衣领间距要宽达一寸，这种穿法后传至日本，现在日本和服中的“十二单”就是继承了唐朝礼服的穿法。古人将帽子视作头颅的一部分，正如前文所述，男子行冠礼后表明自己已成人，可以为家庭社会贡献力量，因此他们把帽子看得如生命一般重要。在春秋时期就有人死在了一只帽子上：孔子的学生子路是一个非常讲究仪表的人。这一年，卫国发生了内乱，正在国外的子路听说后急忙往回赶。有人劝他：“现在国中十分危险，回去了很可能遭受灾祸。”子

路说："拿了国家的俸禄，就不能躲避祸难。"进城以后，子路竭力帮助国君平叛，但还是因寡不敌众，被敌人的武士击中，一支箭射歪了子路的帽子，在这个情况危急、性命攸关的时刻，子路居然放下了盾牌和武器，将帽子重新戴正，这样做的后果可想而知——勇猛的子路被乱箭射中，因而丧命。这个故事在现代人看来可能是个笑话，大家可能会认为子路过于迂腐，但他从另一个侧面体现了中国人对仪表的重视。中国人穿衣服是十分讲究的。《礼记》中所云"黄帝垂衣裳，而天下治"，这里的衣裳是两件，上身有领有袖的服装被称为"衣"，下身所系像裙子一样的衣服被称为"裳"，讲到这里，聪明的孩子可能会问：那男士穿什么呢？古代的男女都着衣裳，衣裳里面要穿中衣，中衣一般是月白色的长衣和长裤，

中衣内才是内衣内裤。春秋以前的汉族人是没有内裤这种形制的。在春秋时期，赵武灵王学习少数民族推广“胡服骑射”来方便骑马打仗，于是内裤应运而生。在古代，出身于不同社会地位的人会被要求穿着不同形制的服装，在《礼记》中有一篇叫作《深衣》的文章讲了从天子至诸侯，从卿大夫这样的国家官员至士卒这样的读书习武之人都要穿着交领右衽，宽袍大袖，衣长拖地的深衣。也就是说深衣是古代儒生的标志。那么深衣是什么样子的呢？作为一件衣服为什么可以登上《礼记》这样儒家经典呢？现在，让我们看看《礼记》中对深衣的解释，为了方便阅读，笔者把它翻译成了白话文：古时候的深衣，大概都有一定的制度，与圆规、曲尺、墨绳、称垂、衡杆相应合，短不至与露出体肤，长不至与覆住地面。

缝合裳左边的前后衽，在右后衽上加一鉤边。腰缝部分的宽度是裳的下边的一半。衣袖当腋下部分的宽度，可以运转胳膊。袖子的长短，从袖口反折上来正好可达肘处。束带的部分，下不要压住大腿骨，上不要压住肋骨，要正当腰部无骨的地方。

裳制用十二幅布，以与一年的十二个月相应。衣袖作圆形以与圆规相应。衣领如同曲尺以与正方相应。衣背的中缝长到脚后跟以与垂直相应。因此袖似圆规，象征举手行揖让礼的容姿。背缝垂直而领子正方，以象征政教不偏，义理公正。因此，《易》中曾说："六二爻象的变动，正直而端方。"下边齐平如秤锤和秤杆，以象征志向安定而心地公平。五种法度都施用到深衣上，因此圣人穿它，符合圆规和曲尺是取它象征公正无

私之义，垂直如墨线是取它象征正直之义，齐平如秤锤和秤杆是取它象征公平之义。因此，古人很看重深衣。深衣可以作文服穿，也可以作武服穿，可以在担任傧相时穿，也可以在治理军队时穿……法度完善而又俭省，是仅次于朝服和祭服的好衣服。

父母、祖父母都健在，深衣就镶带花纹的边。父母健在就镶青边。如果是孤子，深衣就镶白边。在袖口、衣襟的侧边和裳的下边镶边，镶边宽各半寸。因此，我们可以看出古人不仅对穿着什么样的衣服做出了规定，也对不同的人在不同的时期穿着的服装颜色做出了相应的要求，由此看来一件深衣包含着中国人对人伦天道的理解，对道法自然的认知，所以这样的深衣很适合我们学习茶道的同学用来做茶服，每当我们穿着它泡茶时

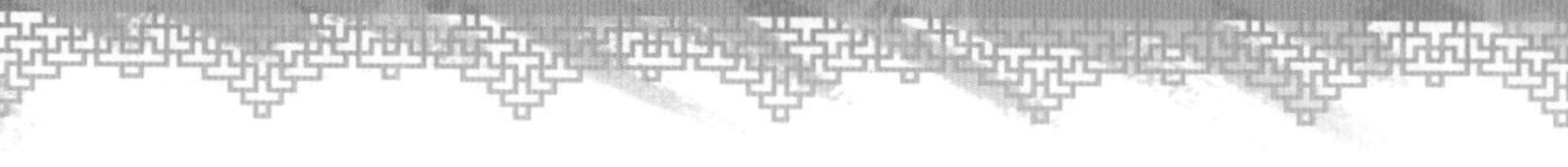

就会感知到那些亘古不变的人伦礼法。

刚才说的是统治阶级的着装，那么在古代被统治阶级的服装又是怎么样的呢？至于普通的庶族（即士农工商）这样的劳动人民就只能穿短衣短裤，因为这样的衣服更方便劳动。无论是士大夫的长衣长袍还是普通百姓的短衣短袄，都要求穿着干净整齐不能有污秽破损。这就是《弟子规》所要求的"衣贵洁，不贵华，上循分，下称家"。古人穿衣十分讲究秩序和场合，就像现在西方礼仪中要求穿衣戴帽，要符合时宜一样。比如说参加鸡尾酒会就要穿短礼服，参加音乐会就要穿长礼服。在《礼记》中要求君子出门时要穿深衣，君子在家时要穿燕居常服。

嵇绍是西晋有名的贤士，一天，他去求见齐王，齐王正和董艾等人在宫中闲聊。见了嵇绍，

董艾就对齐王说："嵇绍善丝竹，今天可让他弹一曲让大伙儿乐乐。"齐王也正有此意，忙命人抬来乐器请嵇绍演奏，嵇绍不愿意，庄重地说："我今天穿着整齐的朝服来见您，您怎能让我做乐工的事呢？您是主持政事的君王，更应该讲究礼仪，端正秩序。"齐王和董艾等人听了此话都很惭愧。虽然这个嵇绍古板教条，但是他的行为告诉我们穿衣戴帽要符合自己的身份，譬如，现在的中小学都有校服，这样很好，从心理学的角度分析特定的服饰会给人以角色的暗示。比如说当我们看到西装革履的人就会想到公司白领，当我们看到身穿白色护士服的女士就会想到白衣天使。同样，当我们看到校服的时候就会想起学生，穿着统一的校服不仅可以方便同学们日常锻炼、学习，还可以给予我们身份暗示，它时刻提醒我们作为学生要将学习放在首位。

“对饮食　勿拣择　食适可　勿过则”

青少年处于身体发育期，日常饮食要注意营养搭配，有些女同学为了减肥不吃主食，有些男同学为了长个拼命食用乳制品，有些女生听说喝果汁能补充维生素C，就用果汁代替白开水作为日常的品饮之物，有些男生听说吃牛肉能使身体更加强健，于是就只吃牛肉，而不碰其他肉类。这些过激的行为都是不科学的，它们会导致营养失衡、新陈代谢紊乱而影响发育。因此，我们日常摄取营养要注意合理搭配，控制数量，不可暴饮暴食。

"年方少　勿饮酒　饮酒醉　最为丑"

中国酒文化的历史像茶文化的历史一样源远流长，那么为什么青少年可以饮茶而不能饮酒呢？这是因为青少年儿童的大脑神经还处于生长时期，如果受到酒精的过分刺激就会影响生长，同时大脑由于受到酒精的刺激，不能对言行进行有效控制，就会导致人们酒后胡言乱语，行为癫狂无状，这是一件极为不雅的事情，应该杜绝。唐朝的大诗人李白被称为诗仙，才华横溢，学富五车，本来以他的诗才在崇尚诗歌的唐朝可以一展抱负，但他在仕途上的前程却毁在了他的贪杯好饮上。一次，皇帝忽来兴致，请他到宫中作诗，当高力士到李白饮酒作乐的小舟传旨时，李白已经喝的

酩酊大醉，酒醉后的李白狂放不羁，居然让高力士为他穿靴，如此的羞辱使高力士怀恨在心，出于报复，高力士在皇帝面前屡进谗言诋毁李白，使李白在仕途上断送了前程。李白的故事为我们敲响了警钟，少年朋友们应时刻注意自己的言行，注重礼仪，远离酒精。

“步从容　立端正　揖深圆　拜恭敬”

在《论语》中，孔子将君子与小人做了鲜明的对比：“君子坦荡荡，小人长戚戚。”这是说一名正人君子为人处事坦荡磊落，而小人做事就会遮遮掩掩欲盖弥彰。但是我们很少可以直接看透别人的内心，于是，观察对方的举止是否落落大方就成了我们判断对方是君子还是小人的第一

步。反过来说，举止端庄得体就能给别人留下完美的第一印象。

见人作揖是古人打招呼的一种方式，正确的操作方式如下：两只手相交怀如抱球，左手搭于右手，双臂高举齐眉，躬身弯腰，此为一揖。为什么是左手搭右手呢？因为大多数人的左手无缚鸡之力，代表了和平，右手拿刀拿枪，代表了戾气，用和平之手盖住戾气之手，表示我们对他人的尊敬。中华民族是热爱和平的民族，见人作揖是体现华夏民族美德的形式之一。在现代的生活中，我们虽然不用见人作揖以示恭敬，但见到师长躬身问好，见到平辈点头致意也是必不可少的，它们是古代作揖施礼的现代表现形式。

“勿践阈（jiàn yù） 勿跛倚（bǒ yǐ） 勿箕踞（jī jù） 勿摇髀（yáo bì）”

正如前文所述，人们的日常举动会体现个人的素质修养，《弟子规》指出了以上四种不良举止，让我们引以为戒。古人为了防止洪水倒灌入房屋，就在门上修了门槛，践阈就是站在门槛上，可以试想下，如果门槛经常被踩就会坍塌，洪水就会倒灌入房屋，家中的物什就会被破坏。为了使自己的房屋不遭受洪水的侵袭，就要杜绝踩踏门槛的行为。跛倚就是站立时一只脚用力，另一只脚虚点地面，身体倚靠其他物品，像跛子站立时的样子，这样的姿势给人以精神萎靡，形象懒惰的印象，它与前面的“步从容，力端正”，形成了鲜明的对比，因此少年人跛倚的站姿应被明

令禁止。“勿箕踞”是对坐姿的要求，古人的正坐是双腿跪于席上，脚尖与席子成九十度角，双股轻坐于脚跟之上，这种坐法既可显得郑重端庄，又可拉撑小腿腿筋，使腿部血液循环顺畅。起到强健身心的作用。而箕踞就是两腿叉开，向簸箕那样坐着，这在古人看来也是一种失仪的行为。

春秋时期的孔子是一位伟大的教育家和思想家，他一生尊奉礼仪。一次，他去参加朋友母亲的丧礼，刚一进门他就发现友人箕踞在堂上扶着棺椁痛哭，孔子见状大怒，不顾友人年近七十，举手便打，并大声斥责朋友的失仪之举。由此可见君子慎独，我们应该时刻注意自己的仪容仪表行为举止，不可失态。摇髀是指在走路时扭胯甩臀，古人认为君子淑女在行走时，应步履从容，四平八稳，如果走路摇髀就会使整个身体扭曲、膀动

身摇，显得极为不雅，滑稽异常。为了走路不摇髀，古人发明了步摇，这种装饰品就是在簪上坠以流苏，走路时尽量保持步伐平稳，这样流苏就不会乱晃，以显端庄。

“缓揭帘　勿有声　宽转弯　勿触棱”

古人的生活条件要比我们现代人差许多，冬天室内没有暖气，在门上要挂厚厚的门帘，以防寒气侵入；夏天没有空调，要在门上挂上纱帘，保持室内通风，并防止蚊蝇进入。古人门帘的作用就像我们现代人的大门，无论是掀放门帘还是开关大门都要尽量保持动作轻柔，这样才不会惊动其他人。君子利他，处处为他人着想，小小的掀门帘动作就体现了人人为我，我为人人的大义。

大家经常会在动画片或者漫画上看到很多滑稽的人物，由于急转弯撞在别人身上，我想大多数人每每看到这一幕时都会捧腹大笑，为了不使自己在现实生活中成为这样的笑柄，大家就要做到“宽转弯，勿触棱”，这也是一个人性格沉稳的体现。

“执虚器　如执盈　入虚室　如有人”

这是告诉我们做事要细心认真沉稳持重，中国茶道“黄金四法则”中有“呵护原则”和“举重若轻原则”，它们都是“执虚器，如执盈”的现实体现。也许，一枚竹茶则轻如鸿毛，但当茶艺师用双手将它捧起时，却给人以重如泰山之感。再例如，大家可以观察一下周边的学生，你会发现那些爱护课本，对所有事物都轻拿轻放的学生，

学习成绩一定名列前茅。这是因为他们在学习如何爱护周边事物的过程中形成了认真负责的态度，并把这种态度用在了学习上。我们前面讲过“君子慎独”，它的意思就是作为一名真正的君子，就算是一个人在房间中也不会有失态之举，经常以“入虚室，如有人”严格要求自己，长大后我们就会成为一个表里如一，真实诚恳的人。在《论语》中孔子曾曰：“损者三友，益者三友”。损者三友为“友便辟，友善柔，友便佞”，益者三友为“友直，友谅，友多闻”，善柔就是表里不如一，为人伪善，而友直就是指待人真诚为人实在。青少年的真诚表里如一就是从慎独中培养出来的。

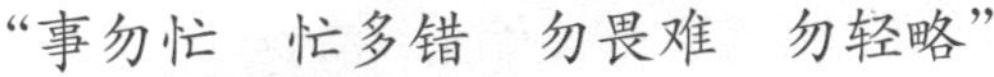

"事勿忙　忙多错　勿畏难　勿轻略"

有很多学生探索怎样才能提高学习成绩，笔者在这里想向大家分享一个提高学习成绩的小秘诀，它只有四个字——"循序渐进"，在英语中有一句谚语是"罗马不是一天建成的"，其实学习也是如此。我们每天在上课前做到提前预习，带着问题去听课，在课堂上认真听讲，解决自己在预习时遇到的问题；下课后认真完成家庭作业，以巩固学来的知识。这样坚持一个学期，你会发现自己的学习成绩会有大幅度的提高。学习是一件需要循序渐进去做的事，它需要一个过程，不能一蹴（cù）而就，也不能一曝（pù）十寒，一个真正的勇士是面对困难敢于迎难而上的，他们做事认真踏实，不敷衍了事。我想大家都听说

过掩耳盗铃的故事，小偷认为堵住自己耳朵去偷铃铛，别人就不会听到声音，这是自欺欺人的表现。做事潦草，不仅是对他人的糊弄，也是对自己的不负责任，这无疑就是掩耳盗铃之举，是我们所有青少年朋友都应绝对摒弃的。

“斗闹场　绝勿近，邪僻事　绝勿问”

古人讲玩物丧志，声色犬马的生活会消磨一个人的意志，使其丧失斗志。青少年儿童的身心处于生长期，应远离五光十色的喧闹场所，将主要的精力放在学习上。科学实验表明，眼睛长时间盯住显示屏看动画片或是玩游戏，会影响并降低大脑分析事物的能力，因为电视通过眼睛向大脑输送信息，大脑就会自动停止想象的行为，只

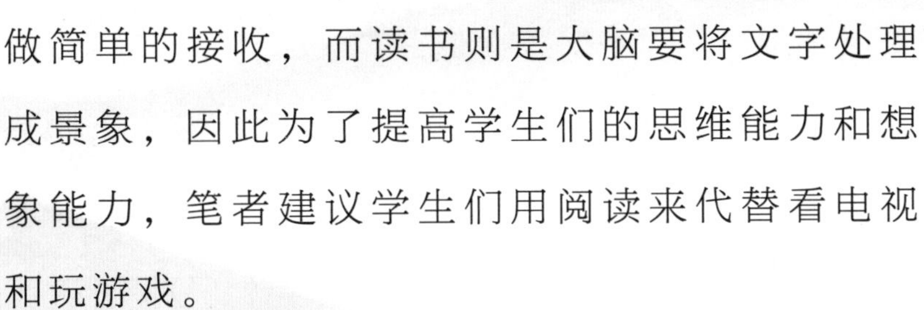

做简单的接收，而读书则是大脑要将文字处理成景象，因此为了提高学生们的思维能力和想象能力，笔者建议学生们用阅读来代替看电视和玩游戏。

很多同学对怪力乱神特别感兴趣，这一点可以理解，人类总是对未知充满好奇，但是我建议大家不要将邪僻事物挂在口中，因为人们每叙述一件事的时候，大脑就会对此事加深一遍记忆，这件事重复的次数越多记忆就会越深，这就是俗话讲的“谎言重复一百遍，就会变成现实”。它会为大家今后的生活洒下阴影，而且人的精力有限，如果我们把过多的注意力投放在邪僻事物上，那么放在读书和学习上的精力就会减少。

在《论语》中记录过一条有趣的小故事：一次，孔子的学生问孔子：“老师，你相信这个世界上

有鬼神吗？”这个问题看似简单，其实却很难回答，孔子是丧礼专家，如果他说这个世界上没有鬼神，那么人去世后厚葬就是不对的，如果他说世界上有鬼神，那么谁又亲眼见过鬼神呢？孔子很认真地想了想对学生说，我们作为人还没有搞清楚人的事情，你又谈什么鬼神？看来连至圣先师都不愿去谈论怪力仙说。作为新时代的青少年，我们也应自动杜绝传播邪僻之事。

“将入门　问孰存　将上堂　声必扬”

孟子被称为儒家雅圣，他一生行为注重礼仪，一次他跑到母亲面前对母亲说要休妻，母亲非常惊讶地说：“你的妻子十分贤惠，你为什么要休掉她？”孟子说：“我从外面进入内室，发现我

的妻子正蹲在屋子里面，我认为她的行为举止不够端庄，所以要休掉她。”孟子的母亲问道：“那你进门前是不是高声地通报她自己要进门了呢？”孟子回答：“没有。”孟母听见后很严厉地批评了孟子，说他在进门前没有通报是失礼在先，就没有资格指责妻子行为不雅。“将上堂，声必扬”这句话出自《礼记·曲礼》（曲礼就是小礼的意思），是古人的基本日常行为规范。它要求人们在进门之前要加重脚步或者发出声响以通知在屋里的人自己要进来了，这样做可以避免出现孟子与孟妻那样的尴尬场面。

“人问谁　对以名　吾与我　不分明”

每当我读到这一句时总不禁想起一个小笑话。

从前，有一个大将军，他非常骄傲，每次和人说话都是趾高气扬的。有一次，大将军出城狩猎，他因追一只野兔而迷失了方向，直到半夜才回来。这时，城门早已经关闭了。大将军非常疲惫，想赶快进城好好睡一觉。于是，他来到城下，拼命地拍门。守城的士兵正靠在城上昏昏欲睡，忽然听到一阵急促的拍门声，他们连忙问道："谁啊？"大将军大声说："是我！快开门！"可是，士兵没有听出他的声音，继续问道："是谁？"大将军生气了，大声喊道："是我！是我！快开门！"士兵们被弄得糊涂了，继续又问道；"你是谁啊？"大将军更生气了，大声吼道："是我！赶快给我开门！让我进去！"士兵们因为弄不清来人的身份，所以坚持不开城门。

骄傲的大将军进不了城，没有办法，他只好

在门外蹲了一夜。为了避免如大将军般的窘境，大家还是要谨记在敲门时应通报自己的姓名。

“用人物　须明求　倘不问　即为偷　借人物　及时还　后有急　借不难”

孩子之间相互帮助是非常值得赞扬的行为，谁都有需要借助别人帮忙的时候，向别人借东西一定要明求，得到别人的允许才可以拿走，否则会被别人当成一种盗窃的行为，使自己名誉受损，使家长蒙羞。宋朝时，有一个叫查道的人，有一天，他和仆人挑着礼物去拜访远方的亲戚。中午时分，他和仆人都饿了，路上一时又找不到吃饭的地方，又没带午饭，怎么办呢？仆人建议查道从送人的礼物中拿些食物吃。查道说：“这怎么行呢？这

些礼物既然要送人，就是人家的东西了，我们怎么可以偷吃呢？”结果，两个人只好饿着肚子赶路。查道把送人的礼物当成人家的东西，不随便处理，那么借用别人的东西时，就更要征得主人同意了。《弟子规》中的“谨”篇实际上是教授给孩子们日常做人做事的道理，它从细节入手，以小喻大，让孩子们从日常生活的点点滴滴中体悟君子之道。道就是方法途径的意思，做人有君子之道，泡茶有茶之道。下面，我们为大家介绍一下茶道中小礼仪。

茶礼十则

1. 步行健，稳且直。轻似风，盈且实。

2. 站如柏，立若松。脊柱直，背不弓。

3. 坐端正，后不靠。两股平，且垂直。

4. 行茶前，先行礼。真行草，各守矩。

5. 置茶器，因顺手。上尊礼，下衬茶。

6. 泡茶时，误轻言。面平和，笑入眼。

7. 欲斟茶，分主次。低斟茶，切勿满。

8. 奉茶时，用双手。举过眉，低颔首。

9. 举杯时，三指夹。分三品，香留频。

10. 一奉茶，双手接。再斟茶，扣两指。
三巡后，扣杯止。

1. 走姿：作为一名茶人，走路的姿势非常重要。它体现了茶人的精气神，在《弟子规》中也规定了青少年走路时要端正平稳。我们要求茶人走路时要“步行健，稳且直。轻似风，盈且实”。走路时还应“挺胸收腹，微收下颌，双眼平视，脊柱

挺直。脚下步履轻盈，似春风吹过”。喝茶有提神醒脑，排汗排毒之功效。常年饮茶者，精神矍铄，气宇轩昂。一定不会精神萎靡，步履沉重。这种行如风之感，是常年品茶的最好证明。走路时，应注意先用二分之一的脚掌着地，再落下脚跟，每一步迈出都要矫健沉稳，不可虚浮，如深根扎地，徐徐前行，稳重端庄。

2. **站姿**：茶人的站礼，要求直立不屈，昂首挺胸，给人以顶天立地之感：“站如柏，立若松。脊柱直，背不弓。”这样站立的方式，对于任何人来讲都可使脊柱得到舒展，利于其更好地生长，同时，昂首挺胸的方式可使肺部得到伸展从而有利于呼吸。茶人在着深衣制茶服时还应注意，由于宽袍大袖，双手放置于胸前一拳，左手搭右手并隐于两袖中，使双手隐于宽袖中，并使长袖自

然垂直于地面。这样的站法要求自古有之，在儿童开蒙读物《弟子规》的“谨”篇中就做出了具体要求。古人认为：三才者，天地人。人字上顶天，下踩地，应威武挺拔，堂堂正正。这也是古人对君子的站姿要求。

3. 坐姿：坐姿端正是每位受过初小教育的朋友都被老师要求过的。笔者依稀记得自己上小学时曾经问过老师："我们为什么要手背后，坐椅子二分之一处，且要挺直上身？靠在椅子背上不是更舒服吗？"老师笑着回答说："人坐的正，

写字才正，心才能放端正。”为了心正意诚地去泡茶，我们要求茶人：“坐端正，后不靠。两股平，且垂直。”股是指大腿，就是说坐的时候两条大腿不交叠，要与地面平行。两条腿像两条根一样深深地植入地面。收腹挺胸，脊柱与椅面呈90°。古人认为从一个人的坐姿便可窥探一个人的内心。我在学习花道课程时，老师也曾讲，以花悟道者，应坐姿端正，雍容如牡丹，高贵如轻荷。

4. 行礼：坐平稳后，就是泡茶前的行礼了。行礼是体现茶人礼让的第一步。在茶道中，我们的坐式行礼方式有三种。分别是真礼、行礼、和草礼。真礼行礼方式是先深吸一口气，低头时慢慢吐气，同时放在桌子上的左右两手，全掌压在桌面上，双手食指，中指呈45°相对。将气吐完后直立上身，行礼完毕。这种真礼是在重大场合

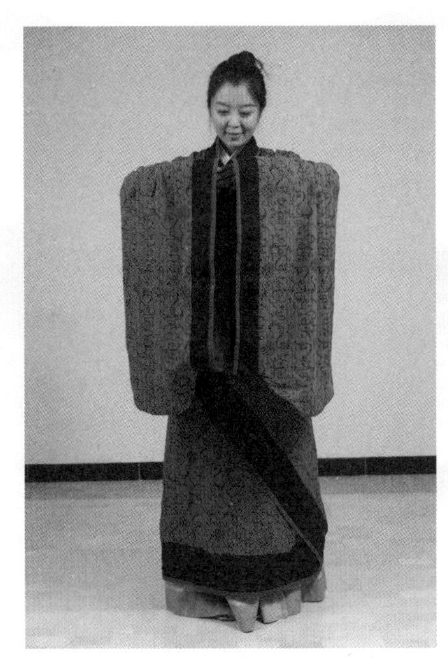

或给长辈泡茶时行的，体现了对对方深深地敬重；行礼的操作方式是挺直上身，深吸一口气，缓缓吐气时，以腰为轴弯下身体，左右手前半掌压在桌面，并将左手掌压于右手背上。吐完气后直立上身，礼毕。这种行礼方式用于日常泡茶场合，或给平辈泡茶时运用。左手压右手的方式体现了茶人热爱和平，以“茶

和天下”之心。草礼的操作，双手指尖轻点桌面，挺直上身，头部轻点一下，双眼落于前方45°位置，礼毕。这样的行礼方式，用于户外泡茶时，泡茶桌与大腿平行，或空间狭簇时身体不能过分伸展，一般不常运用。

5. **茶席布置：** 近年来，有很多爱茶之士致力于茶席布置设计。这些茶席或是清雅飘逸，或是雍容华丽，或是中规中矩，或是豪放不羁。于是，就有很多同学问我，茶席布置的规矩到底是什么？我们抛开那些充满艺术性的设计不说，其实茶席布置的规则很简单。就是“置茶器，因顺手。上尊礼，下衬茶”。根据茗儒学派的黄金四大法则规定：在泡茶时，手势不可交叉，也就是左手东西左手拿，右手东西右手拿。我们将较轻的茶仓、冲茶四宝，赏茶盘放在左手，将较重的风炉组、

废水盂放在右手。至于主茶席上品茗杯和闻香杯的置放则遵循前低后高原则。公道杯、泡茶器、一般放在中部偏右的位置，这样方便右手取放。同时应注意，泡茶时所有物品的开口不能朝向客人，亦不能朝向自己。至于选用什么样的器皿泡茶，则要根据茶叶品种的不同来选择不同的材质，不同容量的器皿，这就是“上尊礼，下衬茶”之法则。

6. **泡茶态度：** 在我们学习泡茶的过程中，大家会惊奇地发现，由于泡茶人怀着不一样的心情，即便是同样的茶，同样的水，同样的器皿泡出茶的味道也是大相径庭，由此可见泡茶的态度决定了茶汤的味道。在这里我们要求泡茶人“泡茶时，误轻言，面平和，笑入眼”。为什么泡茶时不可随意言语呢？一是因为一个人在说话时会泄气，如果一般泡茶一边聊天就会造成茶汤气韵不足；

二是因为人在说话不免会口沫横飞，如果落到杯子中就不太卫生了。因此，泡茶时应尽量保持安静。既然泡茶时泡茶人要尽量避免与品茶人有语言上的交流，那么我们怎么做到“对品得趣，众品得慧”呢？这个时候就要用到心灵之窗——眼睛了。无论是东方古老的哲学还是西方先进的心理学，他们都认为通过观察一个人的眼睛、眼神就可探知一个人的内心。为了展示泡茶人的谦卑礼让之心，我们对泡茶人在泡茶时的面部表情及眼神也做出了要求。在泡茶人看来，为宾客泡茶是无比荣耀的事情。因此，泡茶时的笑容可掬应是发自内心的。为了将这种真诚的微笑长久地留在脸上，我们可以微收下颌，舌抵上颚。这样一来，嘴角自然会呈现一种令

人愉悦的角度，同时目光微收。泡茶时，目光专注于茶品之上。敬茶时，目光放在品茶人脸部正三角区，这样的眼神看上去既专注又平和，虽无语言交流，却能充分表达泡茶人的礼让之心。

7. 斟茶顺序：我们在参加会议或宴会时，座位都分主次，所以在参加茶会时的座位和斟茶顺序，也是有主次之分的。那么我们应该依据什么原则呢？由于东西方文化风俗不同，这个问题一直困扰着中外爱茶人。值得庆幸的是，位列五经之首的《礼记》为我们中国茶人指出了方向。《礼记》“曲礼篇”中记载：“席，南乡北乡，以西方为上；东乡西乡，以南方位上”。因此，在茶席位列上，大家约定俗成南北向茶席，北部位置是主人位，主人的右手边也就是茶席的西向为主宾位，逆时针依次排列；茶席为东西向，主人位在西向，

主人的右手边也就是南向为主宾位，逆时针顺式排列。茶席座次及斟茶顺序，都按如此。这恰符黄金四法则中无交叉原则中的“逆时为上”原则，这种法则也体现了泡茶人对宾客的尊敬。至于斟茶时应斟多少我们按照民间的“茶七酒八”风俗，给人倒茶只到七分满，因为茶汤一般是很烫的，如果斟茶时将茶杯斟满，客人持杯时，容易茶汤外溢造成烫伤。如果只倒七分满就会方便品茶人持杯，这也应呼了黄金四法则中的“利他”原则。它是孔门儒学“己所不欲，勿施于人”的具体表现。

8. 奉茶：“奉茶时，用双手。举过眉，低颔首。”人的眉毛是脸部最高的地方，它代表了一个人的全部骄傲与荣耀。奉茶时，用双手捧杯高举过眉，代表了泡茶人对品茶人的谦让与敬意。再将茶杯收于胸前随即奉上，代表着泡茶人的拳拳爱茶之

心。在奉茶时，依据《弟子规》“揖身圆”的要求，双手环抱成圆，以腰为轴，低压脊柱，下颌微收，将茶放在品茶人面前。这样的敬茶动作成为中国茶人茶礼的标志。笔者曾经带学生与多国茶友进行表演交流，在语言不通的情况下，我们中国茶人就是用这样的奉茶动作拉近了我们与世界各族茶人的心灵距离，也通过这样的动作使各国茶人受到了中国茶礼的震撼。

9. **品茶**：我们之所以称品茶能入道，是因为我们在细细品味茶汤啜苦咽甘的过程中体悟了人生。在茶圈中，流行着这样的说法，品茶有三种境界，第一个境界是以茶解渴，关于这一点自不必多说。第二种境界是品茶解韵，所有的茶都有其独特的茶韵，这种韵是身体给我们的直接感觉。茶汤入口，甘洌甜美。使口腔清爽生津。茶汤咽

下感觉汤汁厚滑，茶汤落肚，胃部温热，回甘迅速满齿留香，这一过程被称为茶韵。喝茶的第三个境界是品茶养气，这里的气，是指茶气。它是茶汤带给身体的深层次享受，品茶者在内心保持绝对平静的情况下，才会感觉到这股充满能量的茶气，在茶汤咽下后，全身经络微微发胀，每个毛孔都微微张开，汗水在其中蕴而不发。这时，心中腾起一股浩然正气。很多老茶客在品茶时以寻找这种茶气为终极目标。因此品茶时大家心照不宣地将茶汤分三口咽下，既是暗喻品茶时的三种境界，在持杯时，用中指，拇指及食指夹住茶杯，无名指和小拇指托住茶碗底托，此意为“三龙护鼎”。这样的持碗方式可使品茶人拿稳茶杯，不使茶汤洒落，以示庄重。这正是：“举杯时，三指夹。分三品，香留颊。”

10. 受茶：中国茶道礼仪除了对泡茶人的行为规则做出了要求，对品茶人的行为亦做出了指导："一奉茶，双手接。再斟茶，扣两指，三巡后，扣杯止。"在泡茶人首次奉茶时，要求品茶人要用双手接杯以示尊重。对方站立奉茶，我们就站立接茶，对方端坐奉茶，我们也可坐接茶杯；在泡茶人第二次斟茶时，我们不便站立，就用食指中指轻敲桌面两下，以示感谢。茶过三巡，当我们表示不需要再请主人斟茶时，可将茶碗倒置扣在桌子上以示谢茶。

茶礼十则，是千百年来中华民族作为茶文化发源国智慧的结晶。它在规定茶人行为规范的同时，也体现了中国博大精深的礼仪文化，是我们每一位茶人都应遵循的行为规范。

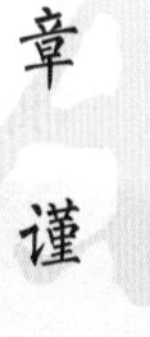

成人礼茶

在古代，男子冠礼，女子笄（jí）礼是成人仪式。我们将其编成茶道，让同学们在体验成人礼的同时，通过向长辈献茶这一茶道过程来澡雪心灵的成长。

备具

玻璃风炉组一套、赏茶盘一只、茶仓一只、茶道组一套、废水盂一只、茶漏组一套、玻璃

公道杯一只、品茗杯一只、祥陶煮茶器一套、废水盂一只、茶仓一只、茶道组一套、赏茶盘一只、茶漏组一套、玻璃公道杯一只、品茗杯四只、茶盘两个。

解说词及流程

开场白：根据《礼记》记载，男子二十岁称“弱冠”，行三家冠礼；女子十五，成人，行笄礼。男女行成人礼后，便是有社会担当的人，可循儒家八目之分，即格物致知、正心诚意、修身、齐家、治国、平天下。我们今天这套茶道，就是遵循这八目设计而成。在礼成之后，由受礼者亲手奉给长辈以示礼成。行礼者将奉上三道茶，以示人生三昧，即正心、正位、正道。

第一步：格物（布席及介绍茶具）

所谓格物，是指人在年少时应进行有条理的系统学习，我们这一步是泡茶前的布席及介绍茶具。古人云：“器为茶之父。”冲泡一杯美味的名茶，合适的器皿是不可或缺的：茶仓用于盛放干茶；冲茶四宝用于取茶，拨茶及夹取品茗杯；赏茶盘用于欣赏干

茶色泽；品茗杯用来欣赏及品饮茶汤；公道杯用来均匀茶汤；茶漏用来过滤茶渣，使茶汤变得更加纯净；煮茶器用来烹煮名茶；废水盂用来盛放废水。我们通过将各种茶器安置在合适的位置来告诫自己在少年时应努力学习如何将学来的知识系统化、规律化。

第二步：致知（取茶及赏茶）

所谓致知就是学以致用、通过学习茶道，我们有了分辨茶叶品质的能力。今天，我们的两位茶艺师分别为大家精心挑选了白菊及陈年普洱茶。

白菊清肝明目，清新淡雅，象征着高风亮节；陈年普洱，甘甜厚滑，色如血珀，象征着成熟稳重。今天，我们将用傲雪之菊配清新之茶，以祭人生三昧。

第三步：正心（煮水）

“大学之道，在明明德，在亲民，在止于至善。”《大学》中的开篇就向我们读书人指出“大学者，首当明德”。所谓明德，即正心。古往今来，欲正心者，必先经锤炼。我们这一步是烹制山泉水。古诗云：“千锤百炼出深山，烈火焚身若等闲。粉身碎骨浑

不怕，要留清白在人间。”接受成人礼的男女即为成人，便要接受生活的锤炼，就像这滚滚煮开的山泉水，只有经过烈火的洗礼，才能升华为滋润人心的甘露。

第四步：诚意（洁具）

所谓诚意，便是谦让之心。我们当着各位来宾的面，用涓涓细流冲洗本已洁净的茶具。除了起到温杯烫盏的作用外，还意在将内心洗净，不使其蒙尘。

第五步：修身（投茶）

所谓修身者，即通过工作、学习，使自身变强大，成为对社会有所贡献、受他人尊敬的人。将菊花轻轻拨入玻璃提梁壶中，看着菊花在山泉水中优雅地翻转，散发芬芳。这是在告诉我们：人生如菊，虽不可有傲气，但不可无傲骨。将陈年普洱置于陶壶中煎烤，烈火使陈年普洱的味道变得更加醇厚浓甜，这亦是在告诉我们，身心的强大是由身心的历练而成就的。

第六步：齐家（煮茶）

所谓齐家，就是指作为一个成年人，要通过一己之力团结家中的每位成员，从而促进社会和谐。这一步是煮茶，我们将烧开的山泉水徐徐注入陶壶中，这是茶与水相交融的时刻。水，唤醒了茶的灵性。茶，增添了水的浓厚。看着壶中愈

煮愈浓的茶汤，我们体悟到，孟子“人人皆可为尧舜”的含义。

第七步：治国（分茶）

在《论语》中讲，治国之道，不患寡而患不均。我们将煮好的茶汤和菊花甘露分别注入公道杯中，并平均斟入每只品茗杯里，以示茶人平等之心。《史记》中，曾有

“陈平分肉”的典故：陈平为家乡父老分肉可以做到人人平等。有人夸赞他做事公道，他笑答：“若让我替君王治理天下，我也会像分肉一般均匀公道。”茶人要通过分茶的步骤感悟自己的公益之心。

第八步：平天下（奉茶）

所谓平天下，便是使天下太平，参加成人礼的男女茶人将自己泡好的茶奉献给师长，一献菊花甘露，意在表明我辈效仿傲雪凌霜的秋菊，“宁可枝头抱香死，何曾吹堕北风中”；二献陈年普洱，意在表明我辈以温、良、恭、简、让之德操，事人事事；三献菊普茶，意图要做谦谦君子，文

质彬彬。将菊花甘露与陈年普洱调配在一起，意在表明受过成人礼后，我们便成为成仁取义的国之栋梁。

第四章 信

原文

凡出言　信为先　诈与妄　奚可焉
话说多　不如少　惟其是　勿佞巧
奸巧语　秽污词　市井气　切戒之
见未真　勿轻言　知未的　勿轻传
事非宜　勿轻诺　苟轻诺　进退错
凡道字　重且舒　勿急疾　勿模糊
彼说长　此说短　不关己　莫闲管
见人善　即思齐　纵去远　以渐跻
见人恶　即内省　有则改　无加警
唯德学　唯才艺　不如人　当自砺
若衣服　若饮食　不如人　勿生戚
闻过怒　闻誉乐　损友来　益友却
闻誉恐　闻过欣　直谅士　渐相亲
无心非　名为错　有心非　名为恶
过能改　归于无　倘掩饰　增一辜

原文解释

开口说话，诚信为先，答应他人的事情，一定要遵守承诺，没有能力做到的事不能随便答应，至于说大话或花言巧语欺骗他人，更要坚决杜绝。话多不如话少，话少不如话好。说话要恰到好处，该说的就说，不该说的绝对不说，立身处世应该谨言慎行，谈话内容要求实事求是，不要花言巧语，好听却靠不住。奸诈取巧的语言，下流肮脏的话，以及街头无赖粗俗的口气，都要戒除。任何事情在没有看到真相之前，不要轻易发表意见，对事情的了解不够清楚明白时，不可以任意传播，以免造成不良后果。

不合义理的事，不要轻易答应，如果轻易允诺，会造成进退两难的尴尬局面，讲话时要口齿清晰，咬字清楚，慢慢讲，不要太快，更不要模糊不清。遇到他人来说是非，要用智慧判断，不要受影响，不要介入是非。

看见他人的优点或善行义举，要立刻向其学习看齐，纵然目前能力相差很多，也要下定决心逐步赶上。看见别人的缺点或不良行为，要反思自省，检讨自己是否也有这些缺失。如果有就马上改正；如果没有，要警惕自己不要去犯。每一个人都应当重视自己的品德、学问、和才能技艺的培养，如果感觉到有不如人的地方，应当自我警惕奋发图强。至于外表穿着或饮食起居不如他人，则不必放在心上，更没有必要忧虑自卑。《论语》中讲："君子忧道不忧贫。"如果一个人听到别人说自己的缺失就生气，听到别人称赞自己就欢喜，那么坏朋友就会来接近你，真正的良朋益友就会离你而去。

反之，如果听到他人的称赞，不但没有得意忘形，反而会自省，唯恐做得不够好，仍然继续努力；当别人批评自己的缺失时，不但不生气，还能欢喜接受，那么正直诚信的人，就会渐渐喜欢和我们亲近了，所谓"同

声相应，同气相求”。如果自己无意中犯了过失，那只是一个错误。若是明知故犯、有意犯错，那便是在作恶。知错能改，是勇者的行为，错误自然慢慢地减少消失，如果为了面子死不认错，还要去掩饰，那就是错上加错了。

原文今解

“凡出言　信为先　诈与妄　奚可焉　话说多　不如少　惟其是　勿佞（nìng）巧”

很多同学都在问我什么是“信”？其实，信字本身就含有它的意思——人言为信。人与人之间的信任第一步是通过言谈话语建立起来的。那么我们平时应该怎么样说话呢？《弟子规》第一句就给出了答案，它告诉我们一个人说话要一诺千金、掷地有声，不可轻易反悔。为了做到“凡出言，信为先”，《弟子规》教导大家“话说多不如少说话”。也就是说，孩子们在与人交往时，说出来的每句话都要字斟句酌，切记不能凭借自己的口才好与别人争辩或花言巧语地蒙骗别人。

那么我们与人交谈的时候不能说些什么话

呢？《弟子规》中规定有三种话不能说：“奸巧语，秽污词，市井气”。在《论语》中孔子就教导我们：“巧言令色，鲜矣仁。”这句话也是说一个人如果通过花言巧语去哄骗别人以达到自己的目的，就不是一个懂得仁爱的人；秽污词，大家从字面上就能理解，就是一些脏话、骂人的话，孩子们在学习说话的时候，并不能理解某些词语的具体意思。通常情况下，他们听到某些从前没有听闻过的词语就会跟着重复，所以《弟子规》中的这三种不可说的语言也是家长要尽量避免说的。当孩子们说秽污词时，家长们首先要自省，是否自己曾经使用过这些词汇导致孩子的刻意模仿，其次，要严肃地批评孩子们并加以制止。

如果说秽污词是家长很容易明令禁止的，那么市井语的出现就不那么容易被发觉了。什么是

市井呢？在古代，人们把有买卖交易的场所叫作“市”。因为古代没有自来水，因此日常饮水就来自于水井，通常八户人合用一口井，于是有市的地方就会有井，这个词就被世人用来形容鱼龙混杂的场所。孩子们张口闭口充斥着商人的斤斤计较或透露着小人的锱铢必较就称为市井气。儿童应该是天真无邪的，不应该过早地染上名利色彩。

“见未真　勿轻言　知未的　勿轻传”

知道了该说什么话和不该说什么话后，谈话的内容就显得尤为重要。现代人讲究眼见为实，说话不能凭主观臆想，恣意造谣。古人也讲“知之为知之，不知为不知”。这些俗语都是对我们讲话内容提出的要求。因此，我们讲话的内容应

是自己的切身经历，真实感受而非道听途说。

孔子在《论语》中与我们分享了一个学习的秘诀："学而不思则罔，思而不学则殆。"表面上这句话是讲述学习知识的时候要用脑子思考，在探究出知识的真实性和合理性后，就不会被事物的表面所迷惑。同时要将学来的知识付诸实践，努力做到运用自如。更深层意思是说，我们听别人的话，要用脑子去思考是否真实合理。当今社会互联网被大量运用，我们现在获取知识的途径比古人要丰富得多，但在我看来，互联网的四通八达是柄双刃剑，它既为现代人提供了获取知识的方便途径，也养成了某些人懒惰的习惯。一有不会的问题就上网查，笔者在教学过程中发现，一提出什么问题，同学们的第一反应就是上网查答案。网上的信息有的时候会有偏差，所以《弟

子规》中的“见未真，勿轻言。知未的，勿轻传”便显得尤为重要。

“事非宜　勿轻诺　苟轻诺　进退错”

我们认为，一名正人君子是不会随便承诺事情的，一旦承诺下来，就一定“言必行，行必果”。“一诺千金”这则成语就是形容一个人言而有信。这个成语的典故出自《史记·季布列传》：“得黄金百斤，不如得季布一诺。” 秦朝末年，在楚地有一个叫季布的人，性情耿直，为人侠义好助。只要是他答应过的事情，无论有多大困难都要设法办到，因此他深受大家的信赖。 楚汉相争时，季布是项羽的部下，他曾几次献策，使刘邦的军队吃了败仗。刘邦当了皇帝后，想起这事，就气

愤不已，下令通缉季布。 这时，敬慕季布的人都在暗中帮助他。不久，季布经过化装，到山东一家姓朱的人家当佣工。朱家明知他是季布，仍冒险收留了他。后来，朱家又到洛阳去找刘邦的老朋友汝阴侯夏侯婴说情。刘邦在夏侯婴的劝说下撤销了对季布的通缉令，还封季布做了郎中，不久又改做河东太守。季布的一个同名叫曹邱生，专爱结交有权势的官员，借以炫耀和抬高自己，季布一向看不起他，听说季布又做了大官，他就马上去见季布。季布听说曹邱生要来，就虎着脸，准备发落几句话，让他下不了台。谁知曹邱生一进厅堂，不管季布的脸色多么阴沉、话语多么难听，对着季布又是打躬，又是作揖，要与季布拉家常叙旧，并吹捧说："我听到楚地到处流传着'得黄金千两，不如得季布一诺'这样的话，您

怎么能够有这样的好名声传扬在梁、楚两地的呢？我们既是同乡，我又到处宣扬你的好名声，你为什么不愿见到我呢？”季布听了曹邱生的这番话，心里顿时高兴起来，留下他住了几个月，将曹邱生作为贵客招待。临走，还送给他一笔厚礼。后来，曹邱生又继续替季布到处宣扬，季布的名声也就越来越大了。

“凡道字　重且舒　勿急疾　勿模糊”

古人不用计算机打字，所以人人会书写。因此，观看一个人的笔迹就能知道这个人的脾气秉性，在《弟子规》这样的开蒙读物中自然就有对于文字的书写要求。那么古人对书写的要求是什么呢？我们可以用四个字来概括：端正、舒展。中国的

书法文化源远流长。从甲骨文、金文到篆文，从楷书、隶书到狂草，不管你是书法大家还是精通金石篆刻的研究者，当我们幼年第一次拿起毛笔开始写字时，老师一定要求我们先学习端庄沉稳的楷书。因为古人认为写字端正的人，一定是一个正心诚意的人。所以，自小我们就要培养自己端正的书写习惯，那就是“凡道字，重且舒。勿急疾，勿模糊”。

“彼说长　此说短　不关己　莫闲管”

这句话的意思就是指作为青少年不要将精力放在八卦闲谈中，也不要过度窥探他人的是非，现在很多家长认为当今社会竞争压力巨大，为了不使孩子们在物竞天择的竞争中处于劣势，他们

往往采取一种叫“比较鼓励”的时兴教育方法。这些家长经常会拿自己孩子的学习成绩跟别的孩子相比较，认为这样就可以激发孩子们的斗志，对于这一观点我不敢苟同。每个孩子都是独一无二的，他们的智力、体力都不尽相同，因此没有必要将两个孩子放在一起比出高低胜负，作为家长或老师，我们只要告诉孩子做好自己分内的事情，每天给自己定一个可以完成的目标，努力超越自我就可以了。

“见人善　即思齐　纵去远　以渐跻　见人恶　即内省　有则改　无加警”

关于这一点，就是孔子所说的：“见贤思齐，见不贤而内自省。”传统儒学教导人们：一名君子要通

过不懈努力而成为对社会有用的人，因此要时刻怀有羞耻之心。羞耻之心是通过与他人的比较得来的，那么我们跟别人能比什么？容貌、金钱、权势，甚至是健康都是身外之物，很容易随着时间的流逝而消失殆尽，只有内心的强大，高远的志向，丰富的知识是可以通过学习伴你终生的。他们不会随着时光的流逝而减少，相反会随着经验或精力的增多而成倍增长，最终厚积薄发。所以，作为当代青少年儿童我们要和别人比较的不是家庭背景、经济条件、容貌衣饰、学习成绩，而是高尚的道德情操。

“唯德学　唯才艺　不如人　当自砺”

苏东坡是北宋著名的文学家，他与其父苏洵、其弟苏辙并称“三苏”。苏东坡博览群书，才高八斗。

他在杭州做知州时，留下了大量赞美西湖美景的诗篇。我们知道每年的七八月份是南方的梅雨季节，由于空气又湿又热，放在箱子里面的衣服就会发霉，很多人趁着阳光充足的时候把家里发霉的衣服拿到太阳下晾晒。久而久之，这种晾衣服的行为就成为各家各户炫富的方式。每每此时苏东坡也会袒胸露怀地晒太阳，别人看着奇怪，问他为什么这样做？苏东坡就会拍着自己的肚子骄傲地说："你们家里衣服多，放在箱子里怕发霉，就趁阳光好拿出来晒一晒，我肚子里的书多，也怕时间久了生出霉，于是也拿出来晒一晒喽。"苏东坡的故事告诉我们，只有丰富的知识、广博的才学才是值得炫耀的资本。

“闻过怒　闻誉乐　损友来　益友却　闻誉恐　闻过欣　直谅士　渐相亲”

这句话是教育我们如何择友的。那么什么是朋友呢？同门学习名曰“朋”，志同道合名曰“友”。根据这样的定义，我们不难发现，两个有共同的人生观、世界观和价值观的人就可互称朋友。孔子在《论语》中也说益者有三友：友直、友谅、友多闻。也就是说一个好的朋友应该是刚直不阿、心胸宽广且博学多才。正如《弟子规》中所说，如果想交到真正的好朋友就不要惧怕别人指出你的过错。甚至当有人指出你的偏失时，你应欣喜若狂，唐朝的李世民就是《弟子规》中所说的“闻过则喜”的人。他有个大臣叫魏征。魏征对于李世民来说就是友直、友谅、友多闻的益友。他为人

刚直不阿，在李世民犯错时总能在第一时间指出并予以纠正。所以在魏征过世时，李世民悲痛万分地说自己少了一面镜子。通过这个故事，我们了解到关于《弟子规》中交友的标准，它也为我们指明了如何成为别人交心之友的方法，那就是在朋友犯错时应善意的指出并帮其改正。

"无心非　名为错　有心非　名为恶　过能改　归于无　倘掩饰　增一辜"

这段话告诫我们，一个有信誉的人是勇于承认自己的过错并将其改正的。错和过的区别在于，犯错是无心的，而过则是有意的恶举。比如说：如果我们在与小伙伴玩耍的时候不小心损坏了别人的物品，这属于无心之举，只要跟对方诚心认

错并做出补偿即可；但如果是蓄意所为，故意使别人的物品损坏，那就是做下了奸恶之事，不可被原谅了。

综上所述，《弟子规》中的信篇是从教我们从如何说话开始，延续到做事须正心、诚意，教会我们如何具有是非之心、羞耻之心，并带着这“二心”与人交往。

君子茶茶道

备具

三才盖碗一只、玻璃公道杯一只、茶漏一只、品茗杯四只、茶仓一个、冲茶四宝一组、赏茶盘一个、开水壶一个、水盂一个。

解说词及流程

第一步：安之若素（静心调息）

安之若素是一名君子必备的素质。它是一种不以物喜、不以物悲的情怀，也是一种处变不惊的风度。泡一杯好茶需要平心静气。在这里，我们通过做三次深呼吸使自己的心绪平静下来，让身体与头脑逐渐进入空灵宁谧（mì）的茶境。

第二步：孜孜以求（取茶入盘）

用茶则探入茶仓轻轻转动手腕取出干茶，这个动作重复三次大概就能取出五克干茶，数字“三”

在中国文化中很有寓意，《三字经》中讲：“三才者，天地人；三光者，日月星。”我们重复三次取茶的动作是表示君子做事认真谨慎、不厌其烦，君子学习孜孜不倦、持之以恒。

第三步：德才兼备（欣赏干茶）

我们今天选择的茶品是既具茉莉花芬芳，又具有绿茶清新的花茶。作为一名君子，既要德高望重，又要博学多才。“德才双馨”才能受到世

人的敬仰，就像我们手中的花茶，茉莉花的甜蜜掩饰了绿茶的苦涩，同时，绿茶的清新也使花茶品饮起来更为鲜爽。

第四步：上善若水（温杯烫盏）

古人认为水有七德："居善地者，可止则止。心善渊者，中当湛静。与善仁者，称物平施。言善信者，声不妄发。政善治者，德惟无私。事善能者，无所不通。动善时者，可行则行。"故称为"上善若水"。我们以清水重新烫洗一遍茶具，是表示君子向善，愿如水般滋润万物而不争。

第五步：广纳善言（投茶入杯）

“海纳百川，有容乃大”，一个人只有谦虚大度，才能广纳善言，就像一只杯子，只有倒空了以前的水，才能被注入新泉。向空杯中徐徐拨入干茶，就像是在广袤无垠的心田中播下希望的种子，经山泉的浇灌，它们定能绽放出绚烂的花朵。

第六步：诲人不倦（点水润茶）

君子待人真诚无虚，他们诲人不倦，慷慨地将自己的经验分享给别人，帮助他人共同成长。我们向壶中注入少量的山泉水，干茶吸水迅速吐香。是水的温度唤醒了干茶，正如他人的教诲，如醍醐灌顶般使我们茅塞顿开。

第七步：千古流芳（摇杯闻香）

轻轻转动茶杯使水与茶相交融，此时杯中的干茶受到泉水的滋润，散发出迷人的香气。古人讲，“人过留名雁过留声”，人一生总要为后世留下什么，因而千古流芳是每位君子的高远志向。

第八步：志存高远（正式冲茶）

人们都说心有多大，路就有多宽，理想有多高远，世界就有多精彩。当你的思想达到一定高

度时，就会有“会当凌绝顶，一览众山小”的畅快之感。我们选择悬壶高冲的手法，将水斟入杯中，使杯中的茶叶上下翻滚，杯中起伏的是朵朵茶芽，心中涌起的是丝丝对于未来的憧憬。

第九步：知行合一（泡茶出味）

有人说茶叶是上天派下来洗涤人们心灵的精灵，它生在山上、睡在锅里、醒在杯中。向杯中注入水后静置几秒，水滋润了茶叶，茶叶增添了

水的风味。水之于茶就像实践之于知识，只有将知识运用到实践中，才能使人从知识中获得智慧。

第十步：奉公无私（分茶、敬茶）

将泡好的茶过滤到公道杯中，公道杯有均匀茶汤的作用，再将公道杯中的茶水分别斟入品茗杯中，在分茶、敬茶的过程中，我们体会了君子的大公无私、平易近人。

第十一步：锦心绣口（品茶）

轻轻啜饮品茗杯中的香茶，口中花香浓郁，如含英咀华一般。茶汤甘甜鲜美、滋润心田。饱读诗书的文人雅士品过此茶定能出口成章，锦心绣口。

第十二步：主雅客闲（行礼谢茶）

刘禹锡在《陋室铭》中说："斯是陋室，惟吾德馨，谈笑有鸿儒，往来无白丁。"茶过三巡，宾主尽欢。主人的清雅，客人的高尚，尽在这一杯清茶中。

第五章 泛爱众

原文

凡是人　皆须爱　天同覆　地同载
行高者　名自高　人所重　非貌高
才大者　望自大　人所服　非言大
己有能　勿自私　人所能　勿轻訾
勿谄富　勿骄贫　勿厌故　勿喜新
人不闲　勿事搅　人不安　勿话扰
人有短　切莫揭　人有私　切莫说
道人善　即是善　人知之　愈思勉
扬人恶　即是恶　疾之甚　祸且作
善相劝　德皆建　过不规　道两亏
凡取与　贵分晓　与宜多　取宜少
将加人　先问己　己不欲　即速已
恩欲报　怨欲忘　报怨短　报恩长
待婢仆　身贵端　虽贵端　慈而宽
势服人　心不然　理服人　方无言

原文解释

只要是人，就是同类，不分族群、人种、宗教，都应平等地关怀爱护，因为我们都共同生活在这天地间。

有崇高理想和道德修养的人，名望自然就高，大家所敬重的是他的德行，不是外表与容貌。有才能的人，处理事情的能力卓越，声望自然不凡，人们佩服的是他的处事能力，而不是因为他会说大话。当你有能力服务众人的时候，不要自私自利，只考虑到自己，舍不得付出。对于他人的才华，应当学习、欣赏、赞叹，而不是批评、嫉妒、诽谤。不要去讨好巴结富有的人，也不要在穷人面前骄傲自大，或者轻视他们。不要喜新厌旧，对于老朋友要珍惜，不要贪恋新朋友或新事物。对于正在忙碌的人，不要去打扰他，当别人心情不好、身体欠安的时候，不要闲言闲语干扰他，增加他的烦恼与不适。

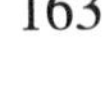

别人的缺点和短处，不要故意去揭穿；他人的私事或秘密，切记不要去张扬，否则很可能给我们自己带来麻烦。赞美他人的善行就是行善。当对方听到你的称赞之后，必定会更加努力行善。张扬他人的过失或缺点，就是做了一件坏事。如果指责、批评太过分了，还会给自己招来灾祸。朋友之间应该互相规过劝善，共同建立良好的品德修养。如果有错不能互相规劝，两个人的品德都会有缺陷。财物的取得与给予，一定要分辨清楚明白，宁可多给别人，自己少拿一些，才能广结善缘，与人和睦相处。对别人讲话或者要求别人做事之前，要先反问自己：换作是我，愿不愿意接受。如果连自己都不愿意接受，就别再要求别人去做，要设身处地为别人着想。子曰："己所不欲，勿施于人。"受人恩惠时要时刻想着报答对方，别人有对不起自己的事，应该宽大为怀把它忘掉，怨恨不平的事不要停留太久，过去就算了，

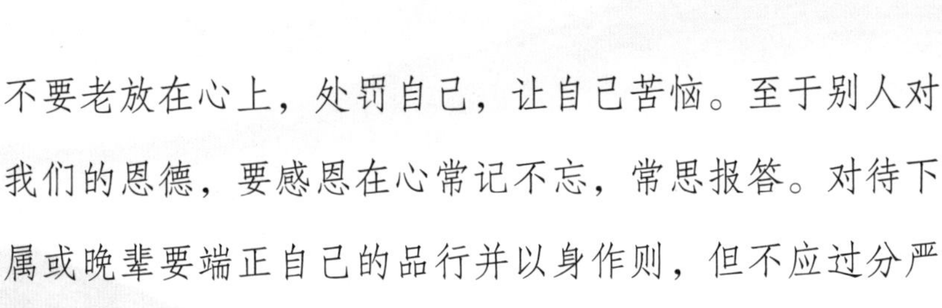

不要老放在心上，处罚自己，让自己苦恼。至于别人对我们的恩德，要感恩在心常记不忘，常思报答。对待下属或晚辈要端正自己的品行并以身作则，但不应过分严厉，待他们应当仁慈而宽厚。

如果利用自己的权势强逼对方服从，对方难免口服心不服。唯有以理服人，别人才会心悦诚服，没有怨言。

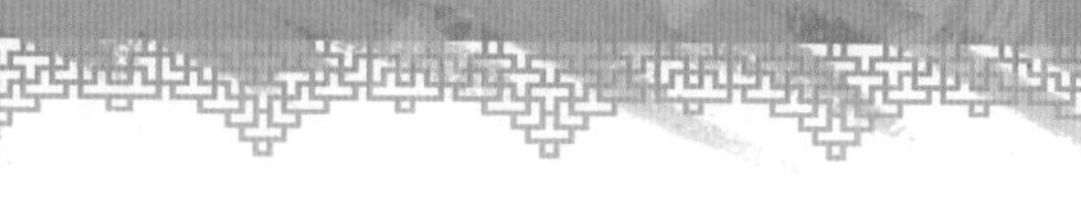

原文今解

"凡是人　皆须爱　天同覆　地同载"

这句话就是说"我们生活在同一蓝天下，拥有同一个地球"，人类之所以被视为万物之灵，是因为他们的思维语言和行动都是受情感支配的，这种情感是以礼为依据，以爱为准绳，大多数人都有悲天悯人的博爱情怀。比如，我们会爱护身边的花草树木，会去义务喂养自然界的小动物，这些植物或动物虽口不能言，但也是作为生命体存在于这个世界的，人类没有权利去剥夺其他生命生存的希望。在中国茶道"黄金四法则"中有一条法则叫作"利他原则"，他要求茶人无论是展示茶具还是取放干茶时，都要将物品最美的一面展示给他人，因为茶人认为即使是没有生命的

茶叶和茶具都具有灵性，它们也希望将最美的一面展示给他人，茶人有责任和义务通过自己的行动将茶叶和茶具最好的一面展示出来，这条法则充分体现了人类高尚的仁爱美德。

“行高者　名自高　人所重　非貌高”

从小我们就被教育不要以貌取人，美貌的容颜、健硕的身体会随着时间的流逝而消失殆尽，只有高尚的品德和睿智的思想才能与世长存。我们尊重一个人，是因为这个人有良好的思想品德或智慧的头脑而并非肤浅的表象。我想大家都听说过晏子出使楚国的故事。晏子，名婴，是春秋时期齐国著名的宰相。他以思维敏捷能言善辩、品德高尚而受齐国人民的爱戴，晏婴是春秋时期

著名的政治家，思想家。作为齐国的宰相他励精图治，以深远的政治眼光、广博的见识、深厚的知识储备及高尚的道德情操辅佐齐王，抚恤百姓，受到齐国人民的爱戴。相传这位德高望重的宰相身材矮小，形容瘦削，其貌不扬。一次，他代表齐国出使楚国，楚王依仗自己国力强大、实力雄厚，对齐国来使不屑一顾。当晏婴到达楚国时，楚王紧闭城门，仅打开一个狗洞让晏婴进入，并讥讽他说："齐国来使如此瘦小，只配走狗门。"晏婴站在城门口傲然地对楚王说："作为齐国丞相，我出使大国就走大门，我出使狗国就走狗门。"楚王遭到对方抢白无可奈何，只能打开城门，以最高的接待规格将晏子迎入城中。晏子入宫后，楚王见他身材瘦小，相貌平庸，便不屑一顾地问："你们齐国没人了吗？怎么派你来了？"晏

婴回答说：“我们齐国派人出访有个规矩，访问上等大国就派风流俊雅的上等特使，访问下等小国就派品貌平庸的下等特使。我是我们国家相貌最丑陋，才学最低下的人，所以就派我到您这里来了。”楚王听后十分尴尬，但同时不得不钦佩晏婴睿智的头脑和善辩的口才。这个故事提醒我们，待人接物要以一颗平等心视人，不要以貌取人，更不要以势压人。

“才大者　望自大　人所服　非言大”

大家想一想，我们平时喜欢与什么样的朋友交往？是那些才华横溢、谦虚有礼的人，还是夸夸其谈却毫无行动力的吹牛大王呢？王昭远是五代时期后蜀的统帅，平时他骄傲自大，总以诸葛

亮自比，经常吹嘘说："只要我手握铁如意，坐着太平车就可指挥大军，一统天下。"公元961年，北宋派大军攻打后蜀。后蜀派王昭远率军抵抗，平时趾高气扬的王昭远由于指挥失当，使后蜀的军队一溃千里，王昭远自己也做了宋军的俘虏。结果，王昭远自比诸葛亮要一统天下的大话，成了历史上的笑柄。为了不重蹈王昭远的覆辙，我们要时刻谨记：说话谨慎，不要夸大其词，对于自己做不到的事情不要轻易许诺，要做到"言必行，行必果"。古往今来，人们钦佩的不是那些可以把牛皮吹得天花乱坠的演说家，而是那些心思缜密，能够脚踏实地、勤勤恳恳的实干家。

“己有能　勿自私　人所能　勿轻訾”

我想很多同学都看过一部名为《蜘蛛侠》的电影，美国人创造出蜘蛛侠是为在民众间树立起一个正义的形象，在这部影片中有一句经典的台词“你的能力越强，责任就越大。”这正是《弟子规》中“己有能，勿自私”的体现。作为青少年儿童，我们现在还很弱小，知识的储备和身体的力量都还没有强大到可以去帮助他人的地步，所以我们现在的首要任务，就是像海绵一样不断地从书本汲取知识，使内心变得强大，再通过适当的锻炼和劳动增强体魄，将来我们就能成为如蜘蛛侠或超人那样的人类保护者来捍卫世界。我们反复强调要严于律己，宽以待人。当自己有过失的时候就要进行严格的自我批评并加以改正，

而当别人犯错时就要宽容地原谅对方，给他时间去改正。同样，当自己有能力去帮助他人时，就要毫不吝惜施以援手。当别人的能力比自己强时，则应衷心的赞美，不可以背后诋毁，这就是中国人的处世哲学。

“勿谄富　勿骄贫　勿厌故　勿喜新”

这句话是告诉我们作为一名正人君子应具有的四种基本德行。《论语》中记载过这样一个小故事：有一次，孔子的学生问孔子：“如果有一个人不因为自身贫穷，而去谄媚富人，也不会因为自身富有而颐指气使，您觉得这样的人怎么样啊？”孔子回答道：“还可以吧，但是他们不如那些虽然穷困，却能安贫乐道。虽然富有，却能对

人对事彬彬有礼的人好。”从此“贫而乐道，富而好礼” 就成为君子的标志。在民间有一句俗语说“衣不如新，人不如故”，这句话是告诫人们在朋友的交往上不要有喜新厌旧的想法，我想大家都听说过狗熊掰棒子的笑话：狗熊钻到了玉米地里，每掰一根新玉米就会把旧玉米扔掉，等它从玉米地里钻出来时，虽然辛苦了一天，但手上空空如也。朋友是我们人生中的一笔财富，只有不断地结交新朋友，不忘老朋友，从他们身上学习优点，才能使我们的心灵充盈，坚实有力。

“人不闲　勿事搅　人不安　勿话扰”

有的同学经常会遇这样的困惑：我挺想和某某做朋友的，可是他好像不大愿意和我交往，或

已经用善心对待每一个人，可是为什么小朋友们都不喜欢自己。《弟子规》就如何与朋友相处，即朋友间的相处之道给出了答案。那就是“人不闲，勿事搅。人不安，勿话扰”。好的朋友应该如春雨一般“随风潜入夜，润物细无声”。当你的朋友有困难时，你要在第一时间予以帮助，而不是事后指责他；当你的朋友需要找人倾诉的时候，你要成为一个好听众，而不是做一名演说家；当你的朋友陷入纠结时，你要好言安慰，而不是冷嘲热讽；当你的朋友需要独处时，你需要给他创造安静的场所，而不是在他耳边唠唠叨叨、喋喋不休。三国时期，魏明帝最疼爱的一个女儿死了，魏明帝十分悲痛，决定厚葬她，并且表示自己要亲自去送丧。这时，大臣杨阜对明帝说：“过去，先皇和太后去世时，你都没有去送丧，现在女儿

死了却去送丧，这与礼法不合。”杨阜虽然说得有道理，但他却唠唠叨叨地说个不停。当时魏明帝正处在悲痛之时，所以他不仅没有理会杨阜的意见，反而把他赶出了朝堂。杨阜落得这样的下场，完全是因为他说话不看时机的结果。从这个故事我们可以看出，语言是把双刃剑，有的时候你也许是好意，但却因为表达的时机不对，让别人误会你的意思，造成好友之间的间隙。民间有句俗语：“好言一句三冬暖，恶语伤人六月寒”，讲的就是这个道理。希望大家读完这段故事后，可以按照《弟子规》中的要求说话办事，从而找到自己的好朋友，同时也成为别人的良师益友。

每个人都有自尊心，都希望在外人面前展现出最好的一面，很多家长喜欢在外人面前批评自己的孩子，本来家长是想借此激发孩子的羞耻之

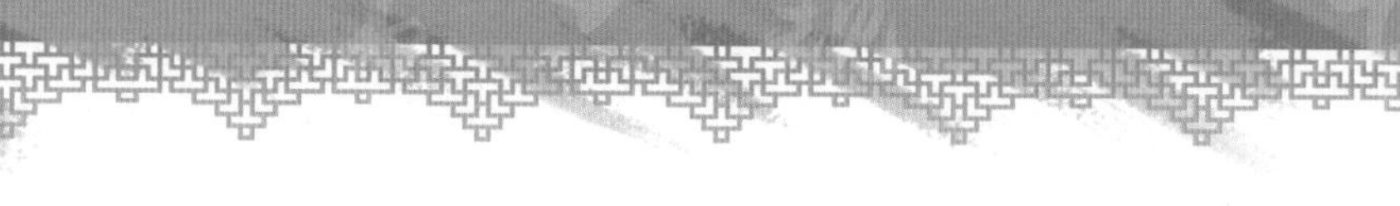

心，促其改正缺点，结果却发现这样做往往适得其反。小孩子的错误不但不会改正，反而会变本加厉。这是为什么呢？我回忆了一下自己少年时的生活，上小学时我说话有点结巴，每次老师让我站起来读课文的时候都会引起同学们的哄堂大笑，同学们越是笑我，我越是紧张，口吃越是厉害，班主任老师发现这个问题，就制止了同学们对我的嘲笑，同时把我叫到僻静的地方，和蔼地鼓励我说话不要紧张。老师让我把要说的话先在心里默念一遍，再说出口。在老师的帮助下，我克服了口吃的毛病。其实，每个人都会有缺点和不足，如果你想帮助你的朋友改掉身上的缺点就应婉转地提出，而不是在大庭广众之下给他难堪。中国有句老话：“来说是非者，必是是非人。”如果你像个小喇叭似的，把别人的秘密四处传播，

别人就会对你有所防范，不会和你成为交心的朋友。英语中也有一句谚语：“好奇害死猫”，对于别人的隐私和秘密尽量不要去打听，有时候打听别人的私事会给别人引来麻烦，要尽量做到孔子所说的：“非礼勿视，非礼勿听，非礼勿言”。如果每个人都把主要的精力放在自己的事情上，尽量不去打听和传播别人的隐私，那么这个世界上就会少很多口角是非。在这里，建议大家做一个小游戏：找一组同学，人数控制在十人左右，由老师耳语给第一个同学说一句话，大家依次将这句话耳语传递，你会发现最后一名同学所讲的这句话与老师讲给第一位同学的话有很大出入，这就是众口铄金的道理。人与人之间的误会，甚至国与国之间的战争，都是由某些是非人传出的是非话所导致的。为了使我们的生活更幸福，让

这个世界更和平，同学们要时刻谨记“人有短，切莫揭。人有私，切莫说”。

“道人善　即是善　人知之　愈思勉　扬人恶　即是恶　疾之甚　祸且作”

贺知章是唐朝著名的诗人，他性格直爽，豁达健谈，当时的达官贤士都很仰慕他，都愿意和他交谈，他虽然名气很大，但爱才若渴，热情地提携诗坛后辈。当他在京城身居要职时，李白还只是一个初露头角的诗人。贺知章读了李白的《蜀道难》一诗后，赞叹不已，称李白是“谪仙”。两人见面后，虽然年龄相差四十多岁，却一见如故，成了忘年之交。后来，在他的推荐下，李白名震天下，最终成了人人赞叹的“诗仙”。看来，说

别人好话，见到别人比自己强就真心地赞美，不仅不会把自己比下去，还会得到别人的敬佩。贺知章和李白的故事就告诉我们这个道理，这也是《弟子规》中所说的“道人善，即是善，人之知，愈思勉”。相反，遇到别人做得不对的事情后，我们可以善意地指出，并帮他改正，但不可大肆宣扬。《礼记》中讲道，人类之所以与动物不同，不仅是因为人会说话，更因为人类会根据实时变化因地制宜，讲究措辞。说话讲究方式、方法会使你身边的每一个人都如沐春风，不会因你的言语不当而使其萌发恶意或歹意。历史上有很多大人物就是因为批评人时不合时宜，不讲究方式、方法而惹来灭顶之灾。灌夫是汉朝的一名将军，勇猛善战，疾恶如仇。但他有个缺点，就是脾气太直，说话不分场合，不讲究方式。就是这样的

性格使他得罪了不少人，特别是和当时的丞相隔阂最大。有一次，在丞相的婚宴上，灌夫因为一杯酒而和丞相争吵起来，气愤至极的他便把丞相平时所做的坏事都说了出来，以至于搅散了宴会。丞相是皇上的舅父，当然不会放过他，最后灌夫被捕处死。这就是灌夫不讲究方式，不注意策略而行事的结果。我们在日常生活中，不免会与身边的人发生口角争执，我们也会经常在路上看到两个人争执不下或是大打出手，这时总会有旁观者说“一个巴掌拍不响，当事双方都有责任”这样的话。所以，当你想宣扬别人的错处时，你应该先静下心来想一想自己是否有这样的缺点，同时不要只想简单粗暴地指责他人，而是应细心并有策略地帮其改正。

一个人高尚的品德体现在能劝说他人弃恶扬

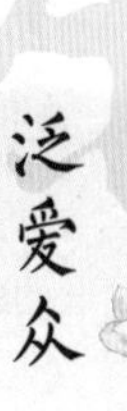

善。正如上文所说，高尚的品德体现在对别人的错能加以善导，并将其改正。南北朝时期，崔瞻和李概是一对很好的朋友。他们常常聚在一起，谈天说地，赋诗唱答，一起学习和促进。如果对方有什么缺点，就会毫不客气地指出来。后来，李概要回老家了，崔瞻十分难过，他给李概写了一封信，信中说：“意气用事，仗气喝酒，是我经常犯的毛病。有你在，总是毫不犹豫地教训我，如今你走了，谁可以指出我的缺点呢？”通过这个故事，我们体会到好朋友之间应相互帮助，当你的朋友有所成就时，你应衷心赞美，由衷祝贺。当你的朋友犯了错误时，你应有策略地善意指出，并帮其改正。可以说，一位好友是我们的一面镜子，它可以反映出我们的优点和缺点，同时也是一盏明灯，可以照亮我们未来前进的道路。

“凡取与　贵分晓　与宜多　取宜少”

这段话是讲分配财务时要尽量做到公平公正，如果财务不够分的话，就要遵循“先人后己”的原则，尽量把好的财务先分配给他人，做到利益均沾。陈平是西汉时期汉王朝的重要谋臣之一，汉文帝时期他曾官拜宰相，年轻时虽家境贫寒，却以做事公平、公正扬名乡里，有一次过年村里宰了一头猪，村长让陈平给村里每一户人都分上一块肉，陈平就本着《弟子规》中“凡取与，贵分晓。与宜多，取宜少”的原则。让乡里每户人家都满意地分到了猪肉，村长为此表扬了陈平，陈平踌躇满志地回答：“今天我分肉可以使乡亲们个个满意，每人都乐得其所，今后如果让我帮

皇帝治理天下，我也会做到公平公正。”由此可见，虽然“凡取与，贵分晓。与宜多，取宜少”这句话看似是对我们日常生活所提出的要求，其实，它培养了我们大公无私、他人至上的伟大情怀。

“将加人　先问己　己不欲　即速已”

古人讲究“己所不欲，勿施于人”，即自己不喜欢做的事情不要强加于别人，自己不喜欢的东西，就不要强迫别人接受。我认识一个小姑娘，她的家庭条件非常富足，作为家中的独生女，父母对她的物质生活可以说是有求必应。小姑娘的妈妈怕小姑娘在富足的环境下养成任性自私的坏习惯，就和她一起到红十字会参加了救助社团，资助了一个青海的失学儿童，小姑娘了解了失学

儿童的处境后，深受触动，每次妈妈给她买了新文具或新衣服，她总是要分出一份留给那位青海的小朋友，她告诉妈妈，自己希望与那名青海失学儿童分享一切最美好的事物。像这位小姑娘的所作所为在我所生活的城市中非常普遍。他们以实际行动实践了《弟子规》中的“将加人，先问己。己不欲，即速已”。

东汉末年，曹操和袁绍作战时处于下风，他的许多部下对胜利没有信心，都和袁绍进行联络，以留后路。后来官渡之战后，曹操打败了袁绍，从袁绍那里缴获了这些书信，曹操看也不看，就让人烧毁了。有人问曹操，为什么不查查是哪些人和袁绍勾结。曹操说：“这些跟我打仗的人，谁没有家庭儿女，谁在绝望时都会找出路。当时，我也没有信心，何况他们？所以不用去追问了。”

曹操在这里遵循了“推己及人”的原则。从以上两个例子我们可以看出，凡是站在别人的角度考虑问题，可以与他人分享最好的东西，是一个人的美德。他不仅可以使自身的心灵变得坦荡、纯净，也可为身边的人带来温暖。

“恩欲报　怨欲忘　报怨短　报恩长”

狄仁杰是武则天统治时期的名臣。有一次，武则天对他说：“虽然你政绩突出，可还有许多同僚说你的坏话。你想知道他们是谁吗？”狄仁杰说：“臣本不才，别人批评臣，正是对臣的监督和爱护。如果陛下认为臣做得不对，臣愿意明白自己的过失并改正；如果陛下明察，认为臣做得对，不相信流言，那是臣的荣幸。既然如此，臣何必知道

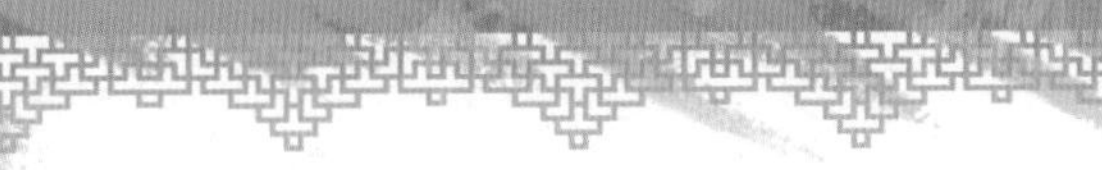

他们的姓名呢？”武则天听后，大为赞叹，认为狄仁杰确实有大臣的风度。一名拥有大智慧的人不睚眦必报，不会将别人的种种不好牢记于心间，发酵成仇恨来折磨自己。相反，他们会将别人对自己的点滴恩惠收集起来念念不忘。《论语》中讲的“滴水之恩，涌泉相报”就是这个意思。在民间还有形容“小恩长报”的一句成语叫“结草衔环”，其实它出自两个故事：“结草”的典故见于《左传·宣公十五年》。公元前 594 年的秋天，秦桓公出兵伐晋，晋军和秦兵在晋地辅氏（今陕西大荔县）交战，晋将魏颗与秦将杜回相遇，二人厮杀在一起，正在难分难解之际，魏颗突然看见一位老人用草编的绳子套住了杜回，使这位堂堂的秦国大力士站立不稳而摔倒在地，当场被魏颗所擒，使得魏颗在这次战役中大败秦师。

晋军获胜收兵后，当天夜里，魏颗在梦中见到那位白天为他结绳绊倒杜回的老人，老人说：“我就是那位你把她嫁走而没有让她为你父亲陪葬女子的父亲”。我今天这样做是为了报答你的大恩大德。”

原来，晋国大夫魏武子有位无儿子的爱妾。魏武子刚生病的时候嘱咐儿子魏颗说：“我死之后，你一定要把她嫁出去。”不久魏武子病重，又对魏颗说：“我死之后，你一定要让她为我殉葬。”等到魏武子死后，魏颗没有把那位爱妾杀死陪葬，而是把她嫁给了别人。魏颗说：“人在病重的时候，神智是昏乱不清的，我嫁此女，是依据父亲神志清醒时的吩咐。”

“衔环”的典故则见于《后汉书·杨震传》中的注引《续齐谐记》。杨震的父亲名叫杨宝，

他九岁时在华阴山北见一黄雀被老鹰所伤，坠落在树下，为蝼蚁所困。杨宝心生怜悯，就将它带回家放在巾箱中，只给它喂食黄花，百日之后的一天，黄雀羽毛丰满，就飞走了。当夜，有一黄衣童子向杨宝拜谢说："我是西王母的使者，君仁爱救拯，实感成济。"并以白环四枚赠予杨宝说："它可保佑君的子孙位列三公，为政清廉，处世行事像这玉环一样洁白无瑕。"

后来果如黄衣童子所言，杨宝的儿子杨震、孙子杨秉、曾孙杨赐、玄孙杨彪四代都官至太尉，而且都刚正不阿，为政清廉，他们的美德为后人所传诵。

后世将"结草""衔环"合在一起，流传至今，比喻感恩报德，至死不忘。从这个典故中我们不难看出"恩欲报，怨欲忘，报怨短，报恩长"

是中华传统美德，值得我们后辈学习颂扬。

“待婢仆 身贵端 虽贵端 慈而宽”

正如原文解释中所说，在日常生活中没有“奴婢”这样的说法，《弟子规》中的婢仆即可以引申为下级、下属。刘宽是东汉时的一位丞相，以宽厚待人闻名于世，他从不对人发脾气。有一次，他的夫人想惹他发脾气，就在他穿好朝衣准备上朝时，特意让侍女端来一碗鸡汤给他喝，侍女在他面前故意失手，鸡汤洒在了他的朝服上。侍女赶紧揩擦，然后低着头站在一边准备挨骂。刘宽不仅不生气，反而关心地问：“你的手烫伤没有？”侍女很感动，夫人对他的涵养也十分佩服。刘宽温和的性情，宽宏的气度，受到了人们的尊敬。

在我们现代生活中，作为领导如果想得到下级的拥戴，首先就要爱护下属，凡事设身处地站在下属的角度考虑，以身作则，起到领头表率的作用。在学校亦是如此，不管是小队长、中队长、还是大队长，如果你能在打扫卫生时用“让我们一起做”这样的话来代替“你去做”这样的命令，在老师检查背诵课文时，用“我是干部我先背”这样的话来代替“某某，你先背”这样的命令，那么，你会发现拥护你的同学会越来越多。

“势服人　心不然　理服人　方无言”

战国时，廉颇和蔺相如同在赵国做官。廉颇战功卓著，被封为上卿；而蔺相如在出使秦国后，也被封为上卿，地位在廉颇之上。廉颇不服，想

羞辱蔺相如。蔺相如知道后，总是刻意回避廉颇，以免发生冲突。他说：“秦国之所以害怕赵国，是因为有我们两人，如果我们两人相斗，国家就危险了。”廉颇知道后，感到很羞愧，脱了上衣，背着荆条到蔺相如门前谢罪，从此两人成了同生死共患难的朋友。这就是“负荆请罪”这则成语的由来。它告诉我们：凡事都要以理服人，以德服人。一个胸襟宽广，志存高远的智人，是可以时刻保持冷静，不会意气用事，蔺相如就是我们的好榜样，对待廉颇的嫉妒和羞辱，他没有采取以牙还牙、以眼还眼的报复，而是用理性的思维与对方真诚沟通，以国家利益为重，牺牲小我，成就大我，因此流芳千古。

“泛爱众”篇是教导我们如何成为一名心中有爱宽厚仁慈的人。为了帮助大家更好地体会这

段文字中的博爱精神，我们在茶之道中将教授大家一套“仁爱茶”茶道。希望同学们在动手泡茶的过程中思考一下什么是仁爱。

茶之道——仁爱茶茶道

备具

祥陶盖碗一只、玻璃公道杯一只、茶漏一枚、品茗杯四只、茶仓一个、冲茶四宝一组、赏茶盘一个、热水壶一只、废水盂一只、香炉一个、沉香一支。

解说词及流程

第一步：天地同爱（静心点香）

《弟子规》中讲“凡是人，皆需爱，天同覆，地同载”。人作为万物之灵，应该用平等友善的眼光看待一切，在泡茶前点上一支香，让心境随着袅袅升起的香烟逐渐平静下来，这不仅表达了茶人对天地的敬意，也显示了茶人对茶的尊重。

第二步：扬善避恶（取茶、赏茶）

“道人善、即是善、人知之、愈思勉”。弃恶扬善是中华民族的传统美德，转动双腕让茶叶自动流入茶则中，可以保持干茶完整的外形，有助于我们泡出一杯香甜的茗茶。帮助口不能言的茶品以最美的一面示人，使我们体悟到了扬善避恶的快乐。

第三步：善言暖心（温杯烫盏）

“善相劝，德皆建。过不规，道两亏”。当我们犯错或遇到挫折时，朋友的劝谏如手中这涓涓细流温润着我们的心田。这一步是温杯烫盏，温热的泉水不仅起到再次清洁茶具的作用，还可以提高杯温，帮助干茶挥发

茶香，借助这道程序让我们来共同体会“好言一语三冬暖”的境界。

第四步：广纳善言（拨茶入杯）

一颗小树苗如果想茁壮成长，成为参天大树，就要不断地汲取阳光雨露的精华，不断接受园丁的修剪。青少年朋友们如果想成为一名受人尊敬

的君子，就要以一颗虚怀若谷的心广纳善言，就像眼前这空杯子，只有清空自己，接受茶品与泉水，才能为人们奉献出一杯回味无穷的茶。

第五步：一涤闲语（初泡洗茶）

陈年白茶在存放的过程中不免会落上一些尘土，我们将第一泡茶轻轻滤出以祛杂味，睡在杯中的干茶被第一道水轻轻唤醒，吐露茶香。在我们的生活中也可能会遭遇这样或那样的苦恼，为了更好地前行，请一荡干扰，使初衷不改，这便是仁人君子之道。

第六步：仁者乐水（正式冲茶）

“仁者爱山，智者乐水。”我们以悬壶高冲的手法向杯内冲水以模仿山涧飞瀑，同时表达茶人对仁爱和智慧这两种美德的渴望。

第七步：积善成德（泡茶）

"孝、悌、忠、信、礼、义、廉、耻"这八德是每一位仁爱君子都会为之奋斗终生的信条，

这些高尚的德操都会体现在生活中的琐事中。高尚的情操是通过长时间的培养而出的，积善成德也是泡茶的步骤，杯中的茶叶被清泉唤醒，化为一捧甘露，滋润了我们的心田。

第八步：润养万物（分茶）

茶可清心，德亦可润心，将公道杯中的茶汤，分别斟入品茗杯，我们分享给大家的不仅是美味的茶品，更是一颗浓浓的赤子之心。

第九步：推此及彼（敬茶）

子曰："己所不欲，勿施于人。"他告诉我们，一名君子会懂得如何站在别人的角度考虑问题，亦懂得如何与他人分享。为您献上一杯茶，希望你与我共同分享品茶的喜悦。

第六章 亲仁

原文

同是人　类不齐　流俗众　仁者希
果仁者　人多畏　言不讳　色不媚
能亲仁　无限好　德日进　过日少
不亲仁　无限害　小人进　百事坏

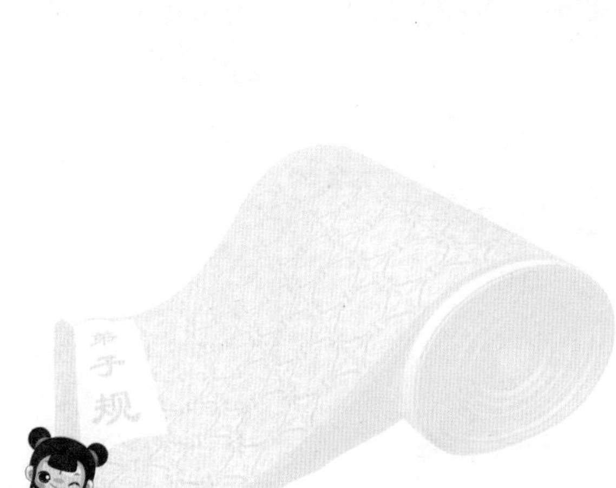

原文解释

同样是人，善恶邪正、心智高低却是良莠不齐。跟着潮流走的俗人多，仁慈博爱的圣人少。如果有一位仁德的人出现，大家自然敬畏他，因为他说话公正无私，没有隐瞒又不讨好他人。能够亲近有仁德的人并向他学习，真是再好不过了，因为他会使我们的德行一天比一天进步，过错一天比一天减少。如果不肯亲近仁人君子，就会有无穷的祸害，因为不肖的小人会乘虚而入，跑来亲近我们，日积月累，我们的言行举止都会受影响，导致整个人生的失败。

原文今解

“同是人　类不齐　流俗众　仁者希”

三国时有一个叫王烈的读书人，在当地很有威望。有一个人偷了别人的一头牛，被失主捉住了。偷牛的人说：“我一时鬼迷心窍，偷了你的牛，你怎么罚我都行，只求你不要告诉王烈。”这话传到王烈耳中，他立即托人赠给偷牛人一匹布。有人不理解，王烈解释道：“做了贼而不愿让我知道，说明他有羞耻之心，我送布给他是为了激励他改过自新。”后来，这个曾经偷牛的人果然金盆洗手，而且变成了一个乐于助人、拾金不昧的好人。上述的故事印证了三字经所说的：“人之初，性本善，性相近，习相远，苟不教，性乃迁。”其实，每个人在刚出生的时候都是善良的，

但由于生活环境不同，导致了性格的千差万别，从上面的这个小故事我们可以看出，有些人做出偷盗这样的坏事可能是生活所迫，但他们良心未泯，怕别人知道自己做了不对的事情说明他们还有羞耻之心，如果我们给他们一个机会，也许就能帮助他们悔过自新，走上正途。王烈的所作所为就体现了君子的亲仁，值得我们大家学习。

“果仁者　人多畏　言不讳　色不媚”

古人认为一名坦荡的君子应有不卑不亢的气节和泰山崩于前而色不变的风度，他们既不会锦上添花，也不会落井下石，他们只会顺应内心的召唤，实事求是地表达自己的看法。萧衍是我国南朝历史上的一位皇帝。在萧衍即将当皇帝的时

候，人们见了他都歌功颂德，萧衍自己也志得意满，十分高兴。但这时有一个人却与众不同，他见了萧衍既不恭维，也不拘束，给萧衍行礼后，转身就走。萧衍见此情景，沉默了好一会儿，然后问旁边的官员："这位年轻人是谁？"手下人告诉他这个人叫谢览。萧衍记住了这个名字。他对这位年轻人不卑不亢、坦然自若的样子很赞赏，决定重用他。在萧衍心中，这名叫作谢览的年轻人就是真正的道德君子。

"能亲仁　无限好　德日进　过日少　不亲仁　无限害　小人进　百事坏"

孟子名"轲"，是战国时期著名的思想家，相传他小的时候，孟母为了教育他，曾经三次搬家。

最早，孟子家住在一片墓地附近，孟子经常模仿出殡的场景。孟母怕孟子误入歧途，就把家搬到了人多的集市上，孟子又开始学着隔壁的商人杀猪卖肉。孟母十分担心，又把家搬到了一个学堂附近。从此，孟子就跟着私塾里的先生专心学习礼仪，学业不断长进，孟母终于满意了，便长期定居下来。这个故事告诉我们“近朱者赤，近墨者黑”的道理。经常亲近厚德的人，自己也会变得宅心仁厚。齐桓公晚年时生活腐化，宠信易牙、竖刁和开方三个人。易牙为让齐桓公尝到人肉的味道，不惜杀掉自己的儿子；竖刁为了亲近齐桓公，主动阉割自己成为宦官；开方为了讨好齐桓公，十五年不回家看父母。管仲对他们很反感，多次提醒齐桓公说：“像他们这样杀死自己的儿子、自己阉割自己、背弃父母的人是靠不住的。”后来，

齐桓公病了，他们原形毕露，对齐桓公不理不睬，最终导致齐桓公被饿死了。这个故事告诉我们“良药苦口利于病，忠言逆耳利于行。”如果有人对我们的行为经常做出指正和批评，那么就可以加快我们的成长速度。相反，如果一个人见到你永远都是笑眯眯地赞美，即使你做错了事情，也不加以指正，那么这个人一定是你的“损友”，他会阻碍我们的健康成长。由此可见，在青少年的成长过程中我们不仅要懂得挑选朋友，还要学会尊师重教。一位好的导师，会像一把利剑那样，在我们的人生道路上为我们披荆斩棘，保驾护航。在茶之道中我们将教授一套拜师茶，请你在学习过这套茶道后，为你最尊敬的师长献上一杯清茶，以表崇敬之心。

茶之道——拜师茶

备具

孔子像一幅，香炉一只，檀香三支，供水杯一只，高足供水杯一只，茶席一张，茶仓一只，茶道组一套，赏茶盘一只，三才盖碗两组，煮水风炉组一套，废水盂一只。

插花准备材料：花器一只，花泥一块，剑兰两枝，落叶松一扎，菊花三四枝，钢草六枝，栀子叶若干。

解说词及流程

开场白：（学生齐念）黎明即起，洒扫庭橱，要内外整洁，既昏便息，关锁门户，必亲自检点，一粥一饭，当思来之不易，半丝半缕，恒念物力维艰。

第一步：净手沐浴

在给先生泡茶前先净手，清水洗净的不仅是双手还是学生的心灵，它不仅表达了学生对先生的尊重，还体现了学生仰慕先生的仁德，心悦诚服地拜师入门（主泡师在左手边，用助泡师手上的水盂净手，并用旁边的毛巾擦净）。

第二步：焚香祭贤

点燃手中的三支香，一支敬天，一支敬地，一支敬奉给至圣先师——孔子，以示学生对学业的孜孜追求。点香也是泡茶人调息的过程，让泡茶人和品茶人的心随着袅袅升起的香烟安定下来，开始茶与人之间的对话。主泡和助泡起身来到先师像前，助泡拿出三根香点燃后递与主泡，主泡双手拿香，

抬至齐眉高，并拜三拜，再将香一根根分别插入香炉中。

第三步：丹心敬师

此步骤即是奉水，国人自古有以水代酒的习惯。奉水给至圣贤先师，是以洁净的清水表示学生将用如水般清澈坦荡的心接受先生的教诲。助泡端过三杯纯净泉水，由主泡一杯杯放置案台上。

第四步：虚怀若谷

这一步是温盏，将本已洁净如新的器皿再重新用热水清洗一遍，表示学生再次将心中的杂念摒弃，用一颗谦虚的心学习新的知识。

第五步：投桃报李

即是投茶，投桃报李源于《诗经·大雅·抑》："投我以桃，报之以李。"本意是别人赐予我们什么样的礼物，我们应该礼尚往来还礼，这里表示先生的耕耘不会没有结果，学生愿意加倍努力不负先生的谆谆教诲。今天我们为大家冲泡的是茉莉花茶。茉莉花茶的芬芳，代表了先生的德艺双馨，是学生一生的追求。

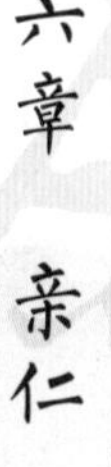

第六步：青出于蓝

这一步是润茶，点水润茶是为了帮助茶叶更好地吐露香气，虽然真水无香，但是通过清水的浸泡，茶叶就能够吐露茶香，正如先生的点播使学生茅塞顿开，达到青出于蓝而胜于蓝的境界。

第七步：桃李芳菲

这一步是闻香，“桃李不言，下自成蹊”，老师是人类灵魂的工程师，老师的耕耘换来了桃李满天下的丰收，这是作为教师最自豪的时刻。经过浸泡的干茶此时吐露芬芳，正如那桃李纷飞的喜悦。

第八步：醍醐灌顶

这一步是冲水，选用悬壶高冲表示学生的成就来自于先生的教诲，先生的每句话都如甘露般注入学生的心田，醍醐灌顶，开启学生的智慧。凤凰三点头的手法表达了学生对先生的爱戴与尊重。

第九步：程门立雪

这一步是奉茶，双手捧杯高举过眉表示了学生虔诚求教之心，如宋代理学家杨时潜心求教于程颐。中国是礼仪之邦，通过这道程序，学生不仅向先生表达了虚心求学之心，更体现了中华文化中尊师重教的美德。

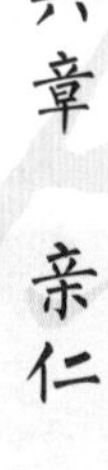

第十步：以礼训教

这一步是师训，先生双手接过茶杯曰：“道，可也。吾门以仁为己任，不亦重乎！死而后已，不亦远乎！士不可以不弘毅（刚强而有毅力），任重而道远！”

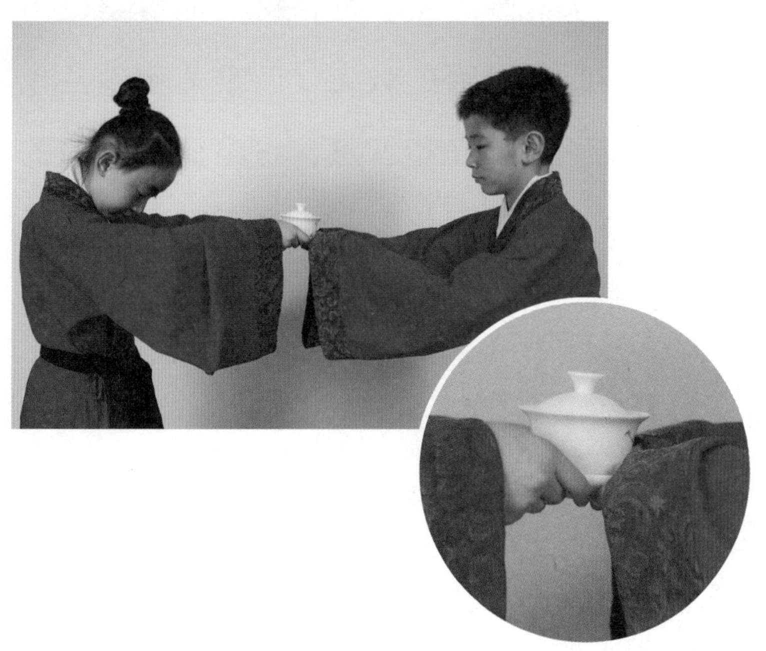

第十一步：如沐春风

这一步是受命，学生弓腰行礼曰："吾等愿守仁孝，绝不旋踵。"

请看学子将亲手扎制的鲜花献给老师，这束花由翠竹、雏菊、剑兰插制而成。细细的竹叶疏疏的节，雪压不倒风吹不折，它象征着学生用虚怀若谷之心聆听老师的教诲；而雏菊和剑兰代表接受老师授予的阳光和智慧，它象征着知识的传播永无止境。这一束花表明了全天下所有学子之心：祝愿老师永远健康幸福、桃李满天下。

第七章 余力学文

原文

不力行　但学文　长浮华　成何人
但力行　不学文　任己见　昧理真
读书法　有三到　心眼口　信皆要
方读此　勿慕彼　此未终　彼勿起
宽为限　紧用功　工夫到　滞塞通
心有疑　随札记　就人问　求确义
房室清　墙壁净　几案洁　笔砚正
墨磨偏　心不端　字不敬　心先病
列典籍　有定处　读看毕　还原处
虽有急　卷束齐　有缺坏　就补之
非圣书　屏勿视　蔽聪明　坏心志
勿自暴　勿自弃　圣与贤　可驯致

原文解释

不能身体力行孝、悌、谨、信、泛爱众、亲仁这些本分，一味死读书，纵然有些知识，也只是增长自己浮华不实的习气，变成一个不切实际的人，如此读书又有何用呢？反之，如果只是一味地做事，不肯读书学习，就容易依着自己的偏见做事，做出违背真理的事情。读书的方法要注重“三到”即眼到、口到、心到。三者缺一不可，如此方能收到事半功倍的效果。研究学问要专一、专精才能深入，不能一本书才开始读没多久，又欣羡其他的书，这样永远也定不下心来。必须把这本书读完，才能读另外一本。在制订读书计划的时候，不妨宽松一些，实际执行时，就要加紧用功，严格执行，不可以懈怠偷懒，日积月累的功夫深了，原先滞塞不通、困顿疑惑之处自然而然就迎刃而解了。求学当中，心里有疑问，应随时写笔记，一有机会，就要向有学问的人请

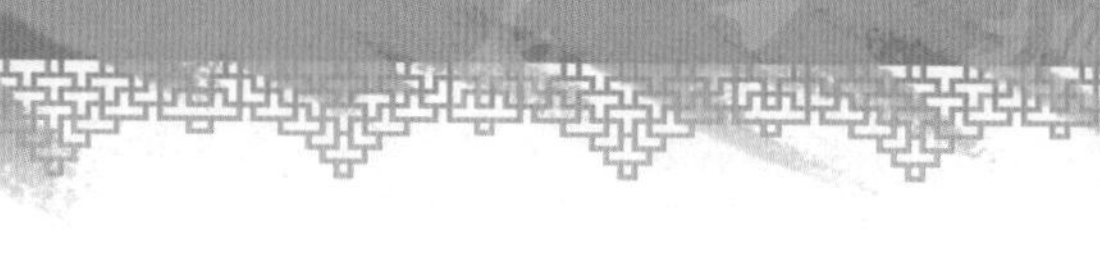

教，务必求取一个正确的解答。书房要整理清洁，墙壁要保持干净。读书时，书桌上笔墨纸砚等文具要放置整齐，不得凌乱，触目所及皆是井井有条，才能静下心来读书。古人写字使用毛笔，写字前先要磨墨，如果心不在焉，墨就会磨偏了，写出来的字如果歪歪斜斜，就表示你浮躁不安，心定不下来。书籍课本应分类，排列整齐，放在固定的位置，读诵完毕，须归还原处。即便有急事，也要把书本收好再离开，书本是智慧的结晶，有缺损就要修补，保持完整。不是传述圣贤言行的著作或有害身心健康的不良书刊，都应该摒弃不要看，以免身心受到污染，智慧遭受蒙蔽，心志变得不健康。遇到困难或挫折的时候，不要自暴自弃，也不必愤世嫉俗，应该发奋向上，努力学习。圣贤境界虽高，但只要我们循序渐进，也是可以达到的。

原文今解

我们在“入则孝”篇说老人的“老”加上孩子的“子”就组成一个“孝”字。现在在孝顺的“孝”右边加个“文”就组成了教育的“教”。这说明一个有知识有教养的人，除了应具有“孝悌瑾信仁爱等”内在素质，还应接受文化教育，在“余力学文”篇中，《弟子规》向大家传授了学习的小秘诀。中国人讲究要知行合一，如果只是死读书，读死书，不注意将学来的知识付之于实践，那么知识对于我们就如同一潭死水。

“不力行　但学文　长浮华　成何人”

从前有一个叫刘羽冲的人，他非常爱看书，也非常相信古书上的学问。他认为，只要是书上

写的就一定是正确的，从来不根据实际情况考虑问题。一天，他看到一本讲水利的书，就苦读了一年，并画了水利图，到州官那儿讲了修水利的好处。州官就让他去修水利，他不看农田水势，不问以往的降雨情况，又不听当地农民的意见，叫人按他画的水利图动工。可是渠道刚使用，就被汹涌的大水冲垮了，农田也被淹没了。由此可见不可不信书，也不可尽信书，学习知识要用辩证法，这就是孔子说的："学而不思则罔，思而不学则殆"。

"但力行　不学文　任己见　昧理真"

当然，做事只凭借经验而不注意学习也是不行的。人生苦短，精力有限，如果凡事都要凭借

经验去做，那么就会白白浪费许多时间和精力。“以铜为鉴，可以正衣冠；以人为鉴，可以明得失；以史为鉴，可以知兴替。”书籍是我们最好的老师，无论是古圣先贤的为人之道，还是日常生活中的小窍门都尽在书籍之中。多读书、读好书可以使我们学到前人的经验，能让我们更有效地利用时间，如果说成功有什么秘诀的话，那就是多读书，并将前人的经验为己所用。

三国时期，吴国的大将吕蒙和蒋钦都是非常勇猛的悍将，他们深受孙权的重用。但吕蒙和蒋钦以前都没念过什么书，被看作一介武夫。后来孙权批评他们说：“你们现在掌握了大权，负责处理国家大事，应该多看点书，了解以往的历史作为借鉴，这样会大有好处的。你们再忙，还能有我忙吗？我都会抽时间研究兵法。光武帝再忙

也抓紧时间学习，曹操也是老而好学，你们就不能学一学他们吗？”两人听后便刻苦学习，成了知识渊博的人。

子曰：“质胜文则野，文胜质则史，文质彬彬，然后君子。”就是说，作为一名君子应做到文武双全，既有质朴的思想，又要有渊博的知识；既要有高远的见识，又要有脚踏实地的执行力；既要有书本上的知识做思想后盾，又要汲取现实经验作为解决问题的武器，它们彼此缺一不可相辅相成。

“读书法　有三到　心眼口　信皆要”

努力学习的道理大家都知道，但是要如何学习呢？掌握正确的学习方法是首要条件，大家可以观察一下班级上那些学习成绩优秀的同学，他

们一定都是一些关注力强，注意力集中的孩子，因此，在《弟子规》中“读书好”的首要秘诀就是读书时要有“三到”，心、眼、口，信皆要。王瞻是南北朝时期的著名学者，自幼喜欢读书。他干什么都很认真，读书的时候，专心致志，即使有再大的干扰，也不分心。有一天，王瞻和同学们正在学堂里读书，外面忽然传来一阵锣鼓声，十分热闹。原来是附近的一家有钱人正在举行婚礼，许多同学都坐不住了，纷纷去看热闹。不一会儿，同学们都跑光了，只有王瞻坐在自己的座位上，一动不动，继续阅读文章。老师见王瞻这个六七岁的幼童竟有这样大的自制力，十分佩服。后来，王瞻成为一位著名的学者。其实，任何人只要在学习时一心一意、专心致志，都能获得好成绩，这就是一分耕耘、一分收获，种瓜得瓜、种豆得豆的道理。

“方读此　勿慕彼　此未终　彼勿起”

阅读一本书或一篇文章时不能囫囵吞枣、一目十行，要花费功夫去品啜字里行间的意思，了解文章的主旨和内涵后才能有所收获，否则就是浪费时间。

宋太祖统治时期时，赵普任中书令。因为他小时候读书少，所以在处理奏章的时候经常出错，于是他便在晚上勤学苦读。有天晚上，宋太祖前去看他，见赵普正在挑灯夜读《论语》，十分奇怪，就问他：“《论语》是儿童们读的书，你怎么还在读它？”赵普说：“我小时候读《论语》只是认字，现在，我是从《论语》中学习齐家、治国、平天下的道理。”宋太祖高兴地说：“你可是真

正地读懂《论语》了。”从赵普的故事中我们了解到，读书比的不是数量而是要比消化了多少或理解了多少。如果你想成为一名受人尊敬、学识渊博的人，那么就请你从今天开始，捧起手中的书本认真阅读，并尝试着写下读书笔记，以提高自己的理解能力和分析能力。

“宽为限　紧用功　工夫到　滞塞通”

学习的秘诀还在于坚持不懈、循序渐进。一颗种子落地后，要经过破土成长才能变成一棵大树，学习也是这样，它是一种累积，一种沉淀，没有人生来就是画家、学者、科学家。每个人若想获得成功，都要经历从无到有的过程，我们都听说过达·芬奇画鸡蛋的故事，达·芬奇是一名

才华横溢的画家，他从小就表现出异于常人的绘画天赋，在他刚刚开始学习绘画时，老师只让他画鸡蛋。经过一段时间的练习，达·芬奇自认为自己已经画得很好了，但老师还是要求他继续画蛋，达·芬奇对此很是不满，就问老师："我画的鸡蛋已经很好了，比起其他的同学已经可以算是栩栩如生了，我是不是可以学习画别的东西了呢？"老师语重心长地对他说："你要想成为一名画家，光凭借天赋是不够的，虽然你现在画的比别的同学都好，但是你的基本功不够扎实，心浮气躁，这会使你变成一个浮夸的人。"达·芬奇听到老师的话似有所悟，便不再争辩，默默地拿起画笔继续画蛋。后来，达·芬奇成为一名享誉世界的画家。爱因斯坦说过：这个世界上没有天才，所有人的成功都是一分天赋加九十九分的不懈努力。

“心有疑 随札记 就人问 求确义”

我们在平时读书学习中总是会有这样或那样的疑问，有些同学就会随手把这些小问题记下来，再逐一寻找答案，这是一种非常好的学习方法。正如我们前文为大家介绍过的那个保证学习名列前茅的小秘诀：课前充分预习，带着问题去听课，当你在课堂上解决自己的小问题时，所学的知识就会牢牢地印在脑子中。

“房室清 墙壁净 几案洁 笔砚正”

在西方，人们认为一个有素质、有教养的人会努力保持周边环境的清洁，他们会将所经过的每一处场所化为美丽的风景。中国传统文化中也

有："屋愈静，心愈静"的讲法，古人认为生活环境的洁净是修身养性的第一步。陈蕃是东汉时期的著名学者，年轻时独居一室，日夜攻读，欲做出一番惊天动地的大事。一天，他父亲的朋友薛勤前来拜访，看见他的住处杂草丛生，纸屑满地，十分凌乱。他不解地问道："孩子，屋子这么脏，你怎么不打扫呢？这样凌乱，宾客来访都无处落脚。"陈蕃理直气壮地回答说："我的手是用来扫天下的。"薛勤反问道："连一间屋子都不扫，怎么能够扫天下呢？"陈蕃听后，惭愧至极，马上打扫房屋，招待客人。这个"一屋不扫何以扫天下"的典故人尽皆知，那么你有没有做到身体力行呢？我曾经辅导过一个小同学，这个小同学由于没有掌握学习的方法，所以成绩很差，她的妈妈把她送到我这里让我给他补习作文，在这位

小同学来到我们学习中心的第一天，我什么也没有教他，而是让他打扫卫生间。一开始，那个孩子不知道该如何清扫，胡乱做了一通卫生后，卫生间更脏乱了，我就教给他打扫房间要遵循自上而下，由里及外的方法，并告诉他收拾房间的方法也是提高学习成绩的方法，做事条理清晰、分清主次就会提高效率。这位小同学心有所悟，不仅把卫生间打扫得一尘不染，还就此写了一篇很优秀的作文，他在文章中说："我在打扫房间的过程中体悟到，做事若想成功就要把握三条规律：顺序、细节、执行力。无论是学习写作还是学习其他知识，都是如此。"笔者所经历的这个生活小片段，大概就是一屋不扫何以扫天下的现实例子吧。

“墨磨偏　心不端　字不敬　心先病”

古人写字要用毛笔，每次书写时都要先把墨块在砚台上研成墨汁。研墨是学子们在习字时首先要掌握的技能，它可以磨炼人的意志，稳定人的情绪，因此私塾先生都要求学生们研墨时要端正平稳，速度不急不缓。墨研好后就可以写字了，我们经常听到一句话叫“字如其人”，字迹端正、横平竖直，说明其内心坦荡，做事沉稳。从前，有一个叫吴同的人，从小跟着泥水匠当学徒。他很想有师父那样好的手艺，但他很懒，每次做事都拖泥带水，草草了事，不肯从基础学起。一天，师父考验吴同，要他在一星期内盖好一座房子，不到三天，吴同就把房子盖好了。可是，第四天下了一场暴雨，房子被冲垮了。吴同见自己盖的

房子这么不结实，心里很是懊恼和惭愧。从此，他便决心踏踏实实地把手艺学好。这个故事看似与写字无关，但无论是盖房还是写字都需要扎实的基础。我们现在学习写字就是在为铸造理想的大厦添砖加瓦，如果地基没有打好，擎天巨厦也很容易毁于一旦。因此，认真书写是为了培养大家严谨治学的态度，如果你读完这段文字后有所感悟，那么就请拿起笔，从今天开始就认真地写好每个字。

“列典籍　有定处　读看毕　还原处”

“从哪里取出的东西就要放回到哪里去。”这是我们上学第一天老师就反复强调的话，物归原处是一种生活习惯，它让我们的生活规范化、规律化。

陆倕自幼喜爱读书。六岁时，父亲给他盖了一间小茅屋供他一个人在此读书，父亲还把先秦两汉诸子百家的各类书籍都买来都摆在小茅屋里，让陆倕随时翻阅，但唯独没有《汉书》，陆倕听说不读《史记》和《汉书》就不能成为学者，便要求父亲借本《汉书》来读。借回的《汉书》该还了，陆倕却找不到其中的《五行志》了。父亲每天都追问《五行志》的下落，幸亏陆倕已将《汉书》背熟了，他将所缺的章节默写出来，这才还给了人家。通过这个故事我们了解到如果放东西有规律就会给自己减少很多麻烦，书归原处也有助于我们养成做事条理清晰的行为习惯。

"虽有急 卷束齐 有缺坏 就补之"

俗话说，爱书之人必是读书之人，我发现一些有良好学习习惯的同学都会非常爱护课本，他们会把新书认真地包上书皮，把书角压平整并仔细地把破损的书修补完整，让那些用过的旧书看起来像新的一样，这是一种很好的行为习惯。孔子是我国著名的大思想家，少年时就勤奋好学，十七岁就因为知识渊博而闻名于鲁国，这当然是和孔子刻苦读书分不开的。当时造纸术还没有被发明，书都是用竹简做成，然后用牛皮绳穿起来。据说孔子到了晚年，喜欢阅读《周易》，因为每天翻阅，穿竹简的牛皮绳磨断了三次。每磨断一次，孔子就整理一次，一直使书保持完整。这个故事一方面反映了孔子刻苦学习的精神，另一方面也

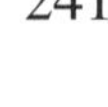

反映了孔子的爱书之心。各位同学，如果你也想成为像孔子那样的学者，那么就请从现在开始爱惜书本吧。

“非圣书　屏勿视　蔽聪明　坏心志　勿自暴　勿自弃　圣与贤　可驯致”

都说开卷有益，但实际上只有读好书才可以帮我们树立正确的人生观和世界观。晋朝大诗人陶渊明小时候读书很用功。他每天都到村外的一棵大树下读书，总要妈妈去找他回家吃饭。时间一长，妈妈有些不高兴了，说：“读书不能不吃饭呀，难道书可当饭吃吗？”陶渊明说：“母亲，你不知道，书里的味道比吃饭的味道香多了！”有一天，有个伙伴向陶渊明求教如何读书。陶渊明说：“我

读书并没有什么妙法。我就像一株小禾苗，从书中一点一点吸收养分，慢慢地成长起来。”看来书本中的知识就像阳光雨露，他们会给予我们充足的养分，帮助我们茁壮成长。所以，高尔基说书籍是人类进步的阶梯，一本好书如同我们的良师益友，帮助我们成长，激励我们发奋，青少年朋友们应珍惜时间，努力学习使自己成为一名德才兼备的君子，为国为民做出贡献。

茶之道——劝学茶

备具

紫砂壶一只，玻璃公道杯一只，茶漏一枚，品茗杯四只，茶仓一只，冲茶四宝一组，赏茶盘一只，提梁壶一只，废水盂一只。

解说词及流程

第一步：专心致志（调息静心）

学习知识要一心一意，专心致志，泡茶也需要全神贯注，就像《弟子规》中所说："读书法，有三到，心眼口，信皆要。"在泡茶前做三次深呼吸，集中注意力，摒弃一切杂念，将注意力集中到泡茶上，这样泡出的茶一定会无限甘美。

第二步：闻鸡起舞（月起行礼）

青少年要珍惜时间，勤于苦读，做到"闻鸡起舞"。随着耳边音乐的响起，茶艺师深吸一口气，随后慢慢吐气躬身行礼，并随着旋律的起伏开始泡茶。

第三步：一日三省（取茶）

学习知识不仅要有不断探索的坚韧精神，同时还要有反复自省的严谨治学态度，从茶仓中分三次取出足量的干茶，揭示茶人治学严谨的品质。

第四步：明察秋毫（赏茶）

观察事物或学习知识要有条不紊，细致入微，泡茶更是如此，赏茶这一步是茶艺师通过观察干茶外形色泽而了解茶性的过程，因此被称为明察秋毫。

第五步：温故知新（温杯）

泡茶有四个要领：温杯烫盏、点水润茶、悬壶高冲、出汤品饮。其中温杯烫盏最为重要，它可帮助干茶在最大限度上挥发茶香，就像青少年在学习的过程中，要不断温习学过的内容，才可牢牢地记住学过的知识，并将其运用到实际生活中。

第六步：虚心求教（拨茶）

学习新的知识要有一颗虚怀若谷的心，只有本着谦虚谨慎的治学态度才能吸纳更多的精妙学识，将温杯的水倒空，才能盛下芬芳的茗茶。

第七步：求知若渴（温润泡）

这一步是点水润茶。向干叶点下些许清泉，干叶迅速吸水，吸饱了水的干茶润泽芳香，干茶对清泉的渴望正如青少年对知识的渴望，因此我们称这一步“温、润、泡”比喻为求知若渴。

第八步：学以致用（泡茶）

学习是为了知行合一，学以致用。无论是赏茶、温杯，或是点水润茶都是为了泡出一杯好茶，茶叶在泉水中翻滚，为清泉增添了厚重；清泉将

干茶呵护起来是为了使干茶润泽，将学来的知识运用到日常生活中，将使我们获得无上智慧。

第九步：格物致知（分茶）

学习知识要分门别类，做到系统化，将泡好的茶过滤到公道杯中，再平均地斟入每只茶盏，以示青少年学习应从格物开始。

第十步：众品得慧（敬茶）

将泡好的茶一一敬出，都说“三人行必有我师”。茶艺师举杯齐眉，躬身将手中的茶盏献出，表示我们愿以一颗谦虚恭敬、勤学不辍的心与各位分享品茶的喜悦。